电气信息类专业"十三五"规划教材

PLC 应用基础与实训

（三菱 FX 系列）

主　编　李　丽　骆小媛　江国龙
副主编　邓小海

北京希望电子出版社
Beijing Hope Electronic Press
www.bhp.com.cn

内容简介

本书根据职业教育的培养目标，从"以学生为主体，以技能为本位，以就业为导向"的教育理念出发，根据职业院校学生的特点而编写。本书共七个项目，包括三菱 FX 系列 PLC 基础知识、LED 数码管的 PLC 控制、水塔水位的 PLC 控制、电动机正反转的自动控制、多种液体自动混合、按钮式人行横道交通灯的控制和 PLC 控制的应用。

本书可作为电气自动化、楼宇自动化、机电一体化、机械设计与制造及其相关专业 PLC 应用系统设计与安装课程的教学用书，也可作为电气技术人员的参考书和培训教材。

图书在版编目（CIP）数据

PLC 应用基础与实训 / 李丽，骆小媛，江国龙主编.
—北京 ： 北京希望电子出版社，2017.8（2023.8 重印）

ISBN 978 7-83002-525-0

Ⅰ. ①P… Ⅱ. ①李… ②骆… ③江… Ⅲ. ①PLC 技术
—高等职业教育—教材 Ⅳ. ①TM571.61

中国版本图书馆 CIP 数据核字（2017）第 191681 号

出版：北京希望电子出版社	封面：赵俊红
地址：北京市海淀区中关村大街 22 号	编辑：龙景楠
中科大厦 A 座 9 层	校对：李 冰
邮编：100190	开本：787mm×1092mm　1/16
网址：www.bhp.com.cn	印张：11.5
电话：010-82626270	字数：294 千字
传真：010-62543892	印刷：唐山唐文印刷有限公司印制
经销：各地新华书店	版次：2023 年 8 月 1 版 2 次印刷

定价：35.00 元

前　言

随着职业院校电气类专业课改、教改的不断深入，传统的书本知识已经不能完全满足学生的需求。本书根据职业教育的培养目标，从"以学生为主体，以技能为本位，以就业为导向"的教育理念出发，根据职业院校学生的特点而编写。本书采用行动导向和翻转课堂相结合的新型教学模式编排内容。全书共分为七个项目，每个项目又分解为若干个教学任务，每个教学任务又分解为自主学习、计划与决策、任务实施、巩固拓展以及检查与评价等教学环节，倡导以任务为导向，坚持"做中学，学中做"的教学原则，让学生认真完成每个任务，使其在动手操作过程中学习并掌握相关专业知识和操作技能。本书具有如下三个特点。

（1）学习内容的实用性。现在的职业院校学生在学习上有他们自身的特点，学习基础也有所偏好。根据学生的实际学情以及职业院校的课程设置和课时安排来设计项目学习内容，按照学生的认知规律精心安排每一个项目的教学过程。

（2）学习主体的参与性。本书的编写注重调动学生内在的积极性和参与性，设置自主学习环节，让学生在课前先利用网络等信息化资源预习，一改传统的"教师讲、学生听"的课堂模式。

（3）使用的方便性。本书采用通俗易懂的语言，以方便教师授课和学生阅读。

本书由河源理工学校的李丽、骆小媛、江国龙担任主编，由邓小海担任副主编，由李丽对全书进行统稿、审阅。其中，李丽编写了项目一，骆小媛编写了项目六和项目七，江国龙编写了项目二和项目五，邓小海编写了项目三和项目四。本书的相关资料和售后服务可扫本书封底的微信二维码或与登录 www.bjzzwh.com 下载获得。

本书在编写过程中难免会有疏漏和不当之处，敬请各位专家及读者不吝赐教。

编　者

CONTENTS 目 录

项目一 三菱 FX 系列 PLC 基础知识 ……………………………………… 1

 任务一 三菱 FX 系列 PLC 的硬件系统 ………………………………… 1
 任务二 三菱 FX 系列 PLC 的编程软件 ………………………………… 8

项目二 LED 数码管的 PLC 控制 …………………………………………… 14

 任务一 认识 PLC 输入/输出继电器 …………………………………… 14
 任务二 认识 PLC 的接线 ………………………………………………… 19
 任务三 PLC 的基本指令 ………………………………………………… 24
 任务四 PLC 控制一个 LED 二极管 …………………………………… 33
 任务五 PLC 控制 LED 数码管 ………………………………………… 37

项目三 水塔水位的 PLC 控制 …………………………………………… 43

 任务一 认识定时器 ……………………………………………………… 43
 任务二 认识辅助继电器 ………………………………………………… 48
 任务三 定时器的应用 …………………………………………………… 53
 任务四 定时器的顺序控制 ……………………………………………… 58
 任务五 水塔水位的 PLC 控制 ………………………………………… 62

项目四 电动机正反转的自动控制 ……………………………………… 67

 任务一 认识计数器 ……………………………………………………… 68
 任务二 计数器的应用 …………………………………………………… 73
 任务三 边沿触点的应用 ………………………………………………… 78
 任务四 电动机正反转自动控制 ………………………………………… 82

项目五 多种液体自动混合 ……………………………………………… 87

 任务一 步进控制相关概念 ……………………………………………… 87
 任务二 编写步进控制程序 ……………………………………………… 94

任务三　步进控制程序的运行模式 ………………………………………… 101

任务四　步进控制程序的重复转移与跳转 ………………………………… 106

任务五　多种液体自动混合 ………………………………………………… 112

项目六　按钮式人行横道交通灯的控制 ……………………………… 118

任务一　选择性分支步进控制 ……………………………………………… 118

任务二　并行性分支步进控制 ……………………………………………… 126

任务三　按钮式人行横道交通灯的控制 …………………………………… 133

项目七　PLC 控制的应用 ………………………………………………… 141

任务一　基本的应用指令 …………………………………………………… 141

任务二　自动送料装车系统 ………………………………………………… 149

任务三　步进电机的运行控制 ……………………………………………… 153

任务四　电镀流水线 ………………………………………………………… 161

附录 …………………………………………………………………………… 168

附录 A　FX 系列 PLC 型号的说明 ………………………………………… 168

附录 B　三菱 FX 系列 PLC 的软继电器和存储器及地址空间 ………… 169

附录 C　三菱 FX 系列 PLC 指令系统 ……………………………………… 170

参考文献 …………………………………………………………………… 176

项目一　三菱 FX 系列 PLC 基础知识

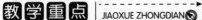

教学重点 | JIAOXUE ZHONGDIAN

1. 了解 PLC 的特点和应用领域。
2. 了解三菱 FX 系列 PLC 的基本组成。

教学难点 | JIAOXUE ZHONGDIAN

1. 了解 PLC 编程软件 GX-DEVELOPER 编程界面元件的意义。
2. 掌握程序输入方法和运行调试方法。

学习过程 | XUEXI GUOCHENG

学时分配	教学手段及方式
自主学习	1. 自主学习微课视频，利用互联网检索所需资料 2. 利用 QQ、微信、论坛等工具进行讨论学习、合作探究
计划与决策	1. 理解三菱 FX 系列 PLC 硬件系统 2. 会使用三菱 FX 系列 PLC 编程软件
项目实施	1. 现场观察 PLC 的硬件系统 2. 掌握 PLC 软件的操作方法
检查与评价	建立自我评价、小组互评、教师评价三位一体的多元评价体系
巩固拓展	自主选择一个程序用编程软件进行编写调试

任务一　三菱 FX 系列 PLC 的硬件系统

一、自主学习

（1）通过微课视频了解 PLC 的基本构成。

— 1 —

（2）通过网络查找资料了解 PLC 的应用领域。

（3）通过 QQ、微信、论坛等工具讨论学习。

二、计划与决策

（1）认识 PLC。

（2）PLC 的特点。

（3）PLC 的硬件系统。

（4）PLC 的型号说明。

知识 1　认识 PLC

PLC（Programmable Logical Controller）的中文含义是"可编程逻辑控制器"，早期产品只能输入逻辑信号，进行逻辑控制。随着科学技术的发展进步，这种产品的功能越来越强大，已不仅限于逻辑控制，所以将其改称为"可编程控制器"。

在 1987 年国际电工委员会（International Electrical Committee）颁布的 PLC 标准草案中对 PLC 做了如下定义："PLC 是一种专门为在工业环境下应用而设计的数字运算操作的电子装置。它采用可以编制程序的存储器，用来在其内部存储执行逻辑运算、顺序运算、计时、计数和算术运算操作的指令，并能通过数字式或模拟式的输入和输出，控制各种类型的机械或生产过程。PLC 及其有关的外围设备都应该按易于与工业控制系统形成一个整体，易于扩展其功能的原则而设计。"

世界上第一台 PLC 由美国 DEC 公司在 1969 年研制，并经过不断的改进与发展，在 1970～1980 年进入结构定型，当时主要应用于机床和生产线。1980 年开始，PLC 应用开始普及，拓展到顺序控制的各个工业领域。到了 1990 年，PLC 逐步实现多功能与小型化，其应用也从顺序控制拓展到现场控制。从 2000 年至今，PLC 继续向高性能与网络化发展，应用面向全部工业自动化控制领域。目前，PLC 已广泛应用于钢铁、采矿、石油、化工、电子、机械制造、汽车、船舶、装卸、造纸、纺织、环保等行业中。图 1-1 所示为 PLC 的应用领域。

目前，在我国设备上使用较多的 PLC 主要有德国的西门子公司，日本的三菱公司、松下公司和欧姆龙公司的产品，美国的 AB 公司和 GE 公司也有产品在我国使用。据数据显示，到 2015 年中国 PLC 市场已达 100 亿元，然而这么大的市场，国产 PLC 在市场上所占份额很少。现在在国内做得比较好的 PLC 品牌有台湾的台达、永宏、丰炜和大陆的和利时、信捷、厦门海为等。由于不同公司产品的程序指令各有不同，因此每应用任何一种不同公司的 PLC 产品，都需要进行使用前的学习。本书主要介绍三菱系列 PLC 的应用。图 1-2 所示为三菱系列 PLC 的外形。

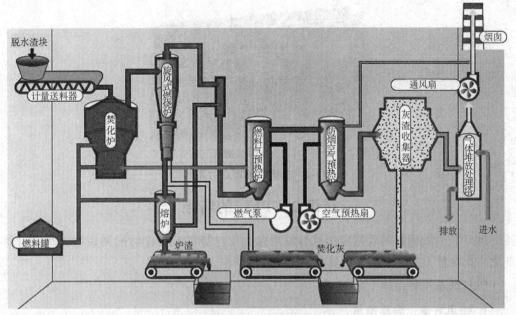

（a）废品焚化系统

（b）恒温加工工厂

图 1-1　PLC 的应用领域

（a）FX1N 系列

（b）FX2N 系列

(c) FX1S 系列

图 1-2　三菱系列 PLC 的外形

知识 2　PLC 的特点

PLC 从开始研制到成熟应用只有短短几十年，却在工业自动控制领域普及应用如此之广，在很大程度上在于它具备强大的功能特点。

PLC 的基本特点如下。

1. 使用方便，编程简单

采用简明的梯形图、逻辑图或语句表等编程语言，无需计算机知识，深受电气人员的欢迎。系统开发周期短，现场调试容易，可在线修改程序，改变控制方案无需拆动硬件。

2. 功能强，性能价格比高

一台小型 PLC 内有成百上千个可供用户使用的编程元件，可以实现非常复杂的控制功能。与相同功能的继电器系统相比，具有很高的性能价格比。PLC 可以通过互联网通信，实现分散控制，集中管理。

3. 使用灵活，通用性强

PLC 的硬件是标准化的，加之 PLC 的产品已系列化，功能模块品种多，用户能灵活方便地进行系统配置，组成不同功能、不同规模的系统。PLC 的安装接线也很方便，一般用接线端子连接外部输入输出接线。当需要变更控制系统的功能时，可以用编程器在线或离线修改程序，同一个 PLC 装置用于不同的控制对象，只是输入输出组件和应用软件的不同。PLC 有较强的带负载能力，可以直接驱动一般的电磁阀和小型交流接触器。

4. 可靠性高，抗干扰能力强

传统的继电器控制系统使用了大量的中间继电器、时间继电器，由于触点接触不良，容易出现故障。PLC 采用微电子技术，大量的开关动作由无触点的电子存储器来完成，大部分继电器和繁杂连线被软件程序所取代，接线可减少到继电器控制系统的 1/10～1/100，因触点接触不良造成的故障大为减少而且可靠性大大提高。

PLC 采取了一系列硬件和软件抗干扰措施，具有很强的抗干扰能力，平均无故障时间达到数万小时以上，可以直接用于有强烈干扰的工业生产现场，并具有故障自诊断能力。其工作环境温度为 0～60℃，无需强迫风冷。PLC 已被广大用户公认为最可靠的工业控制设备之一。

5. 系统的设计、安装、调试工作量少

PLC 利用程序完成控制任务，大大减轻了繁重的安装接线工作，缩短了施工周期，采用方便用户的工业编程语言，且具有较强的仿真功能，故程序的设计、修改和调试都很方便，大大缩短设计和投运周期。

PLC 的用户程序可以在实验室模拟调试，输入信号用小开关来模拟，通过 PLC 上的发光二极管可观察输出信号的状态。完成了系统的安装和接线后，在现场的统调过程中发现的问题一般通过修改程序就可以解决，系统的调试时间比继电器系统少得多。

6. 维修工作量小，维修方便

PLC 的故障率很低，且具有完善的自诊断和显示功能。PLC 或外部的输入装置和执行机构发生故障时，可以根据 PLC 上的发光二极管或编程器提供的信息迅速查明故障原因，从而排除故障。

知识 3 PLC 的硬件系统

PLC 的硬件主要由中央处理器（CPU）、存储器、输入单元、输出单元、通信接口、扩展接口电源等部分组成。其中，CPU 是 PLC 的核心，输入单元与输出单元是连接现场输入/输出设备与 CPU 之间的接口电路，通信接口用于与编程器、上位计算机等外设连接。PLC 的硬件构成如图 1-3 所示。

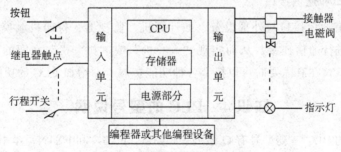

图 1-3 PLC 的硬件构成示意图

1. 电源

一般使用 220V 交流电源或 24V 直流电源，内部的开关电源为 PLC 的中央处理器、存储器等电路提供 5V、12V、24V 直流电源，使 PLC 能正常工作。

2. CPU

中央处理器（CPU），一般由控制器、运算器和寄存器组成。CPU 通过地址总线、数据总线、控制总线与储存单元、输入输出接口、通信接口、扩展接口相连。CPU 是 PLC 的核心，负责指挥信号与数据的接收与处理、程序执行、输出控制等系统工作。

3. 存储器 （ROM/RAM）

可分为系统存储器和用户存储器。系统存储器，内部固化了厂家的系统管理程序与用户指令解释程序，不能删改。用户存储器，用于存储用户编写的程序，可由用户根据控制需要进行删改。

4. 输入接口

连接按钮、开关和传感器等外部元件，接受外部元件如开关、按钮、传感器输入的接通或断开的开关量信号，或电位器、传感器等数值连续变化输入的模拟量信号（需要进行模拟量与数字量的转换）。

5. 输出接口

连接指示灯、接触器线圈、电磁阀线圈等执行元件，输出 PLC 的程序指令驱动执行元件。PLC 输出接口电路有以下三种类型。

PLC 的输入输出接口电路一般采用光耦合隔离技术，可以有效地保护内部电路。

（1）继电器输出型

为有触点输出方式，用于接通或断开开关频率较低的直流电源负载或交流电源负载回路。

（2）晶闸管输出型

为无触点输出方式，用于接通或断开开关频率较高的交流电源负载。

（3）晶体管输出型

为无触点输出方式，用于接通或断开开关频率较高的直流电源负载。

6. 扩展接口和通信接口

PLC 设置有通信接口与外部设备（如计算机、监视器、打印机触摸屏、其他 PLC 或计算机等）进行通信连接。从而实现"人—机"或"机—机"之间的对话。PLC 还安装有扩展接口，在有需要时可以接上各种功能扩展卡，增加 PLC 的功能。

知识 4　PLC 的型号说明

目前常用的 PLC 三菱型号有 Q 系列、FX3U、FX2N 和 FX1N。本书项目实施采用三菱 FX2N-48MR 型号的 PLC，基本单元型号各组成部分的含义说明如图 1-4 所示。

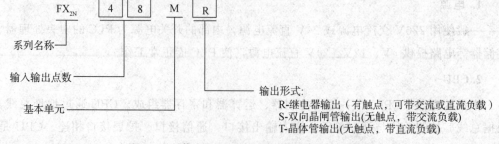

图 1-4　三菱 FX2N-48MR PLC 基本单元型号名称

三、任务实施

拆卸三菱 FX2N-48MR PLC，观察其硬件系统的构成，如图 1-5 所示，并完成表 1-1 的填写。

第一步：把 CPU 前面板上的方式选择开关从"RUN"转到"STOP"位置。

第二步：关闭 PLC 供电的总电源，然后关闭其他模块供电电源。

第三步：把与电源架相连的电源线记清线号及连接位置后拆下，然后拆下电源机架与机柜相连的螺丝，电源机架就可拆下。

第四步：CPU 主板及 I/O 板可在旋转模板下方的螺丝后拆下。

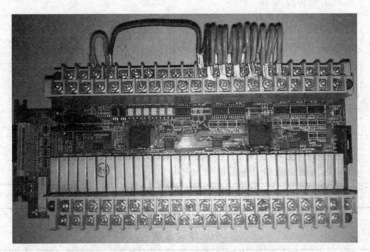

图 1-5 PLC 的内部结构

表 1-1 三菱 FX2N 系列 PLC 硬件系统构成

名称	作用
电源	
CPU	
存储器	
输入接口	
输出接口	
通信接口	

四、巩固拓展

(1) 通过网络查找西门子、三菱、松下、欧姆龙几种常用 PLC 的外形图片，并下载到手机上。

(2) 举例说明 PLC 的应用领域。

五、检查与评价

（1）学生分组上台讲解演示 PLC 的硬件系统构成。

（2）教师和学生为各个小组打分并点评，建立自我评价、小组评价和教师评价三位一体的多元评价体系。

项目学习评价

评价项目	项目评价内容	配分	自我评价	小组评价	教师评价	得分
理论知识 （20 分）	PLC 的特点	10				
	PLC 的硬件组成	10				
实际操作技能 （60 分）	拆卸 PLC	15				
	组装 PLC	15				
	认识 PLC 各部分硬件组成	30				
学习态度 （10 分）	出勤情况及纪律	5				
	团队协作精神	5				
安全文明生产 （10 分）	工具的正确使用及维护	5				
	实训场地的整理和卫生保持	5				
	综合评价	100				

个人学习总结

成功之处	
不足之处	
如何改进	

任务二　三菱 FX 系列 PLC 的编程软件

一、自主学习

（1）利用微课视频学习 PLC 编程软件 GX-Developer 的使用方法。

（2）利用 QQ、微信、论坛等工具进行讨论学习、合作探究。

二、计划与决策

（1）PLC 编程软件 GX-Developer 介绍。

（2）三菱 FX 系列常用符号的意义。

(3) 编程软件 GX-Developer 的用法。

知识 1 PLC 编程软件 GX-Developer 介绍

GX-Developer 是三菱通用性较强的编程软件,它能够完成 Q 系列、QnA 系列、A 系列(包括运动控制 CPU)、FX 系列 PLC 梯形图、指令表、SFC 等的编辑。能够将编辑的程序转换成 GPPQ、GPPA 格式的文档。当选择 FX 系列时,还能将程序变换为 FXGP(DOS)、FXGP(WIN)格式的文档,以实现与 FX-GP/WIN-C 软件的文件互换。利用 Windows 的优越性,该编程软件能够将 Excel、Word 等软件编辑的说明性文字、数据,通过复制、粘贴等简单操作导入程序中,并有效利用。图 1-6 所示为 GX-Developer 编程软件的操作界面,该操作界面大致由下拉菜单、工具条、编程区、工程数据列表、状态条等部分组成。

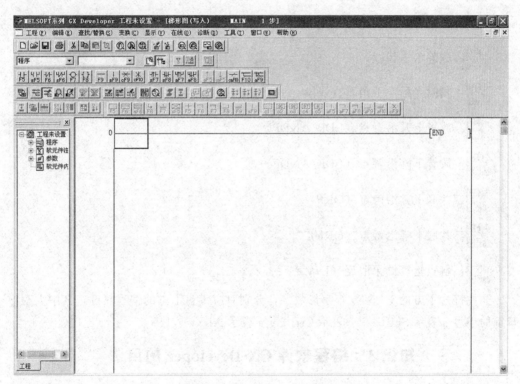

图 1-6 GX-Developer 操作界面

知识 2 三菱 FX 系列常用符号的意义

在编程区的左右母线之间编辑梯形图,可用鼠标单击或者热键调用编程区下方显示的元件符号栏内的符号。如图 1-7 所示。

图 1-7 元件符号栏及编程热键

⊣⊢ F5	放置常开触点（又称动合触点）（LD/AND）
⊣⊢ sF5	并联常开触点（OR）
⊣/⊢ F6	放置常闭触点（又称动断触点）（LDI/ANDI）
⊣/⊢ sF6	并联常闭触点（ORI）
⊣○⊢ F7	放置线圈（OUT）
⊣⊢ F8	放置指令
F9	放置水平线段
sF9	放置垂直线段于光标左下角
✕ cF9	删除水平线段
✕ cF10	删除光标左下角垂直线段
⊣↑⊢ sF7	放置上升沿触点（LDP/ANDP）
⊣↓⊢ sF8	放置下降沿触点（LDF/ANDF）
⊣↑⊢ aF7	并联上升沿触点（ORP）
⊣↓⊢ aF8	并联下降沿触点（ORF）
╱ caF10	触点运算结果取反（INV）

元件符号下方的 F5～F9 等字母数字，分别对应键盘上方的编程热键，其中大写字母前的小写 s 表示 Shift＋；c 表示 Ctrl＋；a 表示 Alt＋。

知识 3　编程软件 GX-Developer 的用法

打开编程软件 GX-Developer，点击工具栏的"工程"按钮，出现创建工程对话框，在 PLC 系列一栏，选择"FXCPU"选项，在 PLC 类型一栏，选择"FX2N（C）"选项，程序类型选择"梯形图逻辑"，设置工程名处打"√"，可以改变工程保存路径以及输入工程名和标题，如图 1-8 所示。

梯形图编程采用鼠标法、热键法和指令法均可调用、放置元件。

1. 鼠标法

移动光标到预定位置，单击编程界面下方的某个触点、线圈或指令等符号，弹出元件对话框，如图 1-9 所示。输入元件标号、参数或指令，单击"确定"按钮，即可在光标所在位置放置元件或指令。

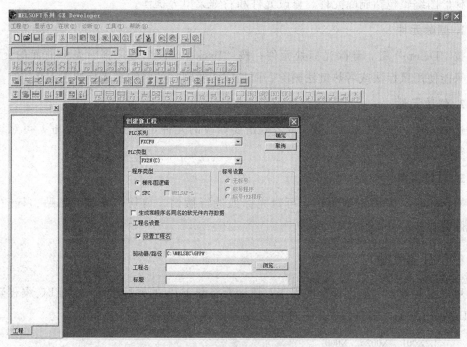

图 1-8 创建工程界面

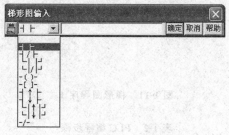

图 1-9 鼠标法输入元件对话框

2. 热键法

按某个编程热键，也会弹出元件对话框，其他操作和鼠标法相同。

3. 指令法

如果对编程指令及其含义比较熟悉，利用键盘直接输入指令和参数，可快速放置元件和指令。如图 1-10 所示。

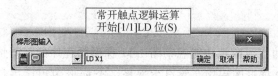

图 1-10 指令法输入元件对话框

线段只能使用鼠标法或者热键法放置，而且竖线将放置在光标的左下角。

步进接点只能使用 STL 指令放置。

梯形图编辑包括删除元件、修改元件和右键菜单等操作。

1. 删除元件

按"Delete"键,删除光标处元件;按"Back Space"键,删除光标前面的元件。线段只能使用鼠标法或者热键法删除,而且应使要删除的竖线在光标的左下角。

2. 修改元件

选中元件,按"Enter"键,或者双击要修改的元件,弹出元件对话框,可对该元件进行修改编辑。

3. 右键菜单

右击元件,弹出右键菜单,可对光标处进行撤销、剪切、复制、粘贴、行插入、行删除等操作。

三、任务实施

可以用几种方法输入梯形图程序?请试着将图 1-11 的梯形图输入到 PLC 编程软件 GX-Developer 中,填写表 1-2 中的 PLC 编程步骤,并观察运行效果。

图 1-11　梯形图程序 1

表 1-2　PLC 编程步骤

PLC 编程步骤	具体操作方法
写入梯形图	
程序转换	
程序保存	
程序写入	

四、巩固拓展

(1) 利用 PLC 的在线监视功能观察图 1-11 梯形图程序的运行情况。

(2) 完成图 1-12 梯形图程序 2 并自主选择一个梯形图程序进行编写、转换、保存和写入。

```
   X000   X001                                                    K30
   ├─┤ ├──┤/├──                                               ──(T0  )─┤
        T0
   ├─┤ ├──
        T0
   ├─┤ ├──                                                     ──(Y001)─
```

图 1-12 梯形图程序 2

五、检查与评价

（1）学生分组上台 PK，看看哪个小组最先完成项目任务。

（2）教师和学生为各个小组打分并点评，建立自我评价、小组评价和教师评价三位一体的多元评价体系。

项目学习评价

评价项目	项目评价内容	配分	自我评价	小组评价	教师评价	得分
理论知识 （20分）	认识 GX-Developer 软件	10				
	FX 系列常用符号的意义	10				
实际操作技能 （60分）	鼠标法输入元件	10				
	热键法输入元件	10				
	指令法输入元件	10				
	程序编写及保存	30				
学习态度 （10分）	出勤情况及纪律	5				
	团队协作精神	5				
安全文明生产 （10分）	工具的正确使用及维护	5				
	实训场地的整理和卫生保持	5				
	综合评价	100				

个人学习总结

成功之处	
不足之处	
如何改进	

项目二　LED 数码管的 PLC 控制

教学重点 | JIAOXUE ZHONGDIAN

1. 掌握三菱 FX 系列 PLC 输入继电器、输出继电器。
2. 掌握基本指令及其应用。

教学难点 | JIAOXUE ZHONGDIAN

1. 掌握 PLC 编程的步骤。
2. 学会使用基本指令。

学习过程 | XUEXI GUOCHENG

学习过程	教学手段及方式
自主学习	1. 自主学习微课视频，利用互联网检索相关知识点
	2. 利用 QQ、微信、论坛等工具进行讨论学习、合作探究
计划与决策	1. 认识三菱 FX 系列 PLC 输入/输出继电器
	2. 掌握基本指令和常用软元件的性能及其应用
项目实施	1. 掌握梯形图的编程方法
	2. 初步掌握指令语句表的编程方法
检查与评价	建立自主评价、小组互评、教师评价三位一体的多元评价体系
巩固拓展	完成课后实训作业

任务一　认识 PLC 输入/输出继电器

一、自主学习

（1）自主学习微课视频，了解 PLC 控制的相关概念。

14

（2）利用互联网查找资料了解 PLC 控制在工业生产中的重要作用。

（3）利用 QQ、微信、论坛等工具进行讨论学习、合作探究。

二、计划与决策

（1）认识 PLC 输入继电器。

（2）认识 PLC 输出继电器。

（3）初步了解用 PLC 实现控制的基本工作步骤。

知识 1 认识 PLC 输入继电器

输入继电器是 PLC 最基本的软元件。输入继电器与 PLC 的输入端相连，是 PLC 接收外部输入信号的元件。因为是软元件，其常开、常闭触点可以无数次地使用，这是与常用的电力拖动控制线路中接触器、继电器使用触头个数有限的最大区别和优势。

输入继电器用 Xn 表示，地址编号采用八进制数。输入继电器必须用外部信号驱动，不能用程序驱动。输入继电器（X）是 PLC 中专门用来接收系统输入信号的内部虚拟继电器。它在 PLC 内部与输入端子相连，它有无数个常开触点和常闭触点，这些常开、常闭触点在 PLC 编程时可以无数次地使用。

以 FX2N-48MR PLC 为例，PLC 基本单元有输入继电器 24 个，分别是 X0、X1、X2、X3、X4、X5、X6、X7、X10、X11、X12、X13、X14、X15、X16、X17、X20、X21、X22、X23、X24、X25、X26、X27，共用一个 COM。若加装 I/O 接口的扩展模块，可达到 256 个。PLC 的输入继电器如图 2-1 所示。

图 2-1　PLC 的输入继电器

输入继电器的工作特点如下。

（1）输入继电器只提供常开与常闭触点供用户使用。如图 2-2 所示。

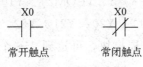

图 2-2　输入继电器

（2）每一个输入继电器有无数个常开触点和常闭触点。

（3）输入继电器的触点状态是由其所接的外部元件的开关状态（断开或闭合）或输入的数字信号所决定的。

（4）可以与输入继电器（X）连接的硬元件主要有各种开关、按钮、传感器和行程开关等。

PLC 输入继电器（X）与部分外接元件连接的结构图如图 2-3 所示。

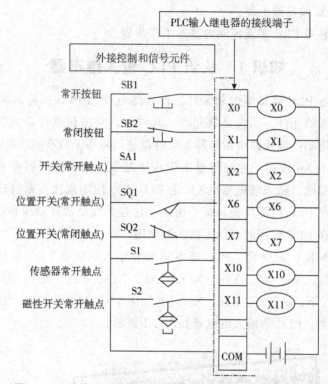

图 2-3　PLC 输入继电器（X）与部分外接元件连接的结构图

知识 2　认识 PLC 输出继电器

输出继电器与 PLC 的输出端相连，是 PLC 用来驱动输出负载的元件，它也有无数个常开、常闭触点，可以无数次使用，其地址编号也是采用八进制。

输出继电器用 Yn 表示，是由多个外部输出继电器组成的，用于向接在 PLC 输出端的执行元件发出控制信号。输出继电器连接的有各种指示灯、电磁阀线圈、接触器线圈等执行元件，以及变频器、步进电动机驱动器等专用设备控制器的控制端子。

以 FX2N-48MR PLC 为例，PLC 基本单元有输出继电器 24 个，分别是 Y0、Y1、Y2、Y3（COM1）、Y4、Y5、Y6、Y7（COM2）、Y10、Y11、Y12、Y13（COM3）、Y14、Y15、Y16、Y17（COM4）、Y20、Y21、Y22、Y23、Y24、Y25、Y26、Y27（COM5）。若加装 I/O 接口的扩展模块，可达到 256 个。PLC 的输出继电器如图 2-4 所示。

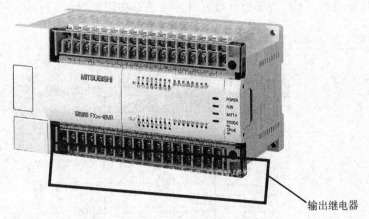

图 2-4　PLC 的输出继电器

输出继电器的工作特点如下。

（1）每个输出继电器都提供一个线圈及与线圈地址相同的无数个常开触点与常闭触点，如图 2-5 所示。

图 2-5　输出继电器

（2）当线圈被驱动时，该线圈对应的触点也会相应动作。而接在这个输出继电器的执行元件就会同时被驱动。

（3）PLC 外部输出继电器所接的元件需要注意以下几点。

①接在输出端的执行元件工作电流一定要小于外部输出继电器（Y）所控制的硬件触点允许电流。对于晶体管输出型 PLC 的输出端，每个接点的允许电流只有 0.5A，而继电器输出型 PLC 的输出端，每个接点可驱动纯电阻负载的电流为 2A。

②继电器输出型的 PLC 输出端可以接工作电压为 AC 220V 以下或 DC 220V 以下的负载，但晶体管输出型的 PLC 输出端，只能接工作电压 DC 24V 以下的负载。

③为了防止负载短路等故障烧坏 PLC 的输出继电器，对继电器输出型的应对每 4 点输出负载设置 2～10A 熔断器或断路器（安全电压以上应带漏电保护），对晶体管输出型的应对每 4 点输出负载设置 0.5～2A 熔断器或断路器。应根据实际需要安装熔断器或断路器，对于个别特殊需要的要每个点都安装熔断器或断路器。

④对不同电源、电压的负载元件，应分别接不同的公共端 COM。

⑤对接在 PLC 输出端的负载元件，若有可能因同时接通会造成短路的，除了要用 PLC 程序作联锁软保护外，还需要在 PLC 外部的负载电路上设置联锁硬保护，如图 2-5 中的接触器线圈 KM1 与 KM2。

⑥对交流电感性负载元件，可通过并联浪涌吸收器来减少噪声。而对直流电感性负载元件，可通过并联整流二极管来延长触点的寿命。

PLC 输出继电器（Y）与部分外接元件连接的结构图如图 2-6 所示。

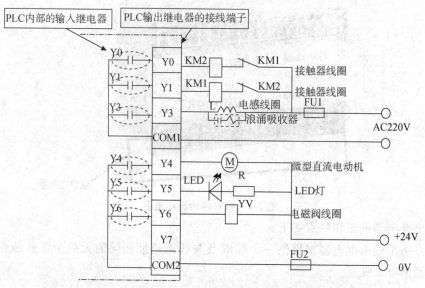

图 2-6　PLC 输出继电器（Y）与部分外接元件连接的结构图

知识 3　用 PLC 实现控制的基本工作步骤

（1）理解实训任务的内容与控制要求。

（2）写出 I/O 分配表。

（3）画出 PLC 的 I/O 接线图。

（4）根据 PLC 的 I/O 接线图完成 PLC 与外接输入元件和输出元件的接线。

（5）根据控制要求，用计算机编程软件编写梯形图程序或指令程序；并将编写好的 PLC 程序从计算机传送到 PLC。

三、任务实施

现场观察三菱 FX2N 系列 PLC 输入/输出继电器的构成，并完成表 2-1 的填写。

表 2-1　PLC 输入/输出继电器的构成

输入继电器（X）	输出继电器（Y）
X0～X3（COM）	Y0～Y3（COM1）

四、巩固拓展

（1）通过互联网搜索欧姆龙、松下、西门子这几种 PLC 的输入/输出继电器结构，并和三菱 FX2N-48MR 系列进行对比。

（2）口述用 PLC 实现控制的步骤。

五、检查与评价

（1）学生分组上台讲解演示任务实施过程。

（2）教师和学生为各个小组打分并点评，建立自主评价、小组互评和教师评价三位一体的多元评价体系。

项目学习评价

评价项目	项目评价内容	配分	自我评价	小组评价	教师评价	得分
理论知识 （20分）	PLC 输入/输出继电器的基本知识	10				
	用 PLC 实现控制的基本步骤	10				
实际操作技能 （60分）	选择模块与通电	10				
	观察 PLC 实物	10				
	指出 PLC 输入继电器	20				
	指出 PLC 输出继电器	20				
学习态度 （10分）	出勤情况及纪律	5				
	团队协作精神	5				
安全文明生产 （10分）	工具的正确使用及维护	5				
	实训场地的 6S 管理	5				
	综合评价	100				

个人学习总结

成功之处	
不足之处	
如何改进	

任务二 认识 PLC 的接线

一、自主学习

（1）观看微课视频，了解 PLC 接线的相关知识。

（2）利用网络查找资料了解 PLC 程序编写有哪几种方法。

（3）通过 QQ、微信、论坛等工具进行讨论学习、合作探究。

二、计划与决策

（1）初步了解 PLC 的接线。

（2）PLC 的梯形图程序。

（3）PLC 的语句指令程序。

知识 1　初步了解 PLC 的接线

PLC 的接线主要分为电源接线、输入继电器接线、输出继电器接线和计算机通信接口接线等四大部分，如图 2-7 所示。

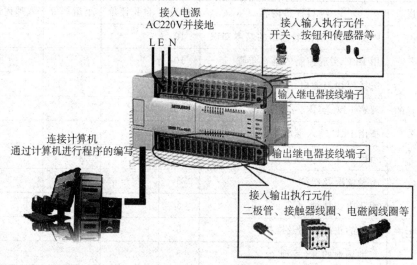

图 2-7　PLC 的外部接线

（1）电源接入 AC 220V 并接地。

（2）PLC 输入继电器接线端子接输入执行元件如开关、按钮和传感器等。所有输入执行元件连在一起接到公共端"COM"点。

（3）PLC 输出继电器接线端子接输出执行元件如指示灯、接触器线圈和电磁阀线圈等。对 PLC 输出继电器所接的元件，需要注意以下几点。

①接在输出端的元件其工作电流一定要小于输出继电器（Y）触点的容许电流。继电器输出型的 PLC 输出端，每个接点可驱动纯负载的电流为 2A，而晶体管输出型的 PLC 输出端，每个接点的电流只有 0.5A。

②继电器输出型的 PLC 输出端可以接工作电压为 AC 220V 以下或 DC 220V 以下的负载。

③对不同电源、电压的负载元件，应分别接不同的公共端。但若两个"COM"点所接的元件工作电压相同，可直接将两个"COM"点连接后接到负载电源端。

④对接在 PLC 输出端的负载元件，若有可能因同时接通会造成短路的，除了要用 PLC 作联锁软保护外，还需要在 PLC 外部的负载电路上设置联锁硬保护。

⑤对交流电感性负载元件，可通过并联浪涌吸收器来减少噪声。而对直流电感性负载元件，可通过并联整流二极管来延长触点的寿命。

（4）PLC 通信主要采用串行异步通信，其常用的串行通信接口标准有 RS-232C、RS-422A 和 RS-485 等。

PLC 的 I/O 接线如图 2-8 所示。

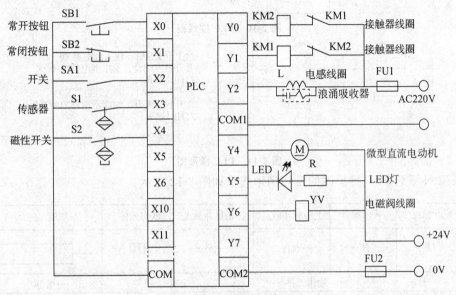

图 2-8　PLC 的 I/O 接线图

知识 2　PLC 的梯形图程序

梯形图是 PLC 最常用的程序编写方式，具有逻辑性强、图形直观、执行过程可监控的特点。特别是由于梯形图采用了与电力拖动线路图极为相似的图形结构与分析方法，只要有继电器控制基础，通过编写梯形图来实现 PLC 的简单控制，基本上不会有太大的困难。举例说明，如图 2-9 所示，这是一个由开关 SA1 控制一个指示灯 HL1 的电力拖动线路图，当 SA1 闭合时，将 HL1 与 PLC 输出继电器 Y0 的接线端子相连，如图 2-10 所示，然后再编写图 2-11 的梯形图并输入到 PLC 中。当 PLC 运行时，若 SA1 闭合，HL1 就发光；若 SA1 断开，HL1 就熄灭。

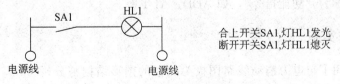

图 2-9　继电器控制电路

— 21 —

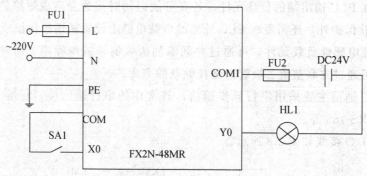

图 2-10 PLC 接线图

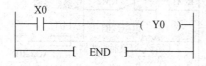

合上开关SA1，输入继电器X0
常开触点闭合，输出继电器Y0=ON，
灯HL1发光。
断开开关SA1，输入继电器X0
常开触点断开，输出继电器Y0=OFF，
灯HL1熄灭。

图 2-11 PLC 梯形图

FX2N 系列 PLC 梯形图的常用图形符号如图 2-12 所示。

常开触点	常闭触点	上沿脉冲触点	下沿脉冲触点	状态元件	功能元件
—||—	—|/|—	—|↑|—	—|↓|—	—□□	▭

母线	输出元件	定时器	计数器
|	—( )	—(T0) K20	—(C0) K20

图 2-12 PLC 梯形图的常用图形符号

知识3 指令程序

PLC程序也可以直接用指令来编写。FX2N 系列 PLC 的编程指令可分为两部分：一是基本指令，共有 27 个，这些指令虽然只具有单一的功能，但它们是程序组成的最基本部分，是必不可少的，如 LD、OR 等。二是应用指令，这类指令有 246 个，大多是具有综合或特殊控制功能的指令，由于在程序中使用这些指令常常会使程序简化或控制方便，故称为"功能指令"，如 ADD、ALT 等。

三、任务实施

梯形图采用了与电力拖动线路图极为相似的图形结构与分析方法，请比较电力拖动线路图和 PLC 梯形图的不同点，并填写完成表 2-2。

PLC 梯形图与继电器接触器控制线路图的主要区别如下。

1. 电气符号

电力拖动线路图中的电气符号代表的是一个实际物理器件，如继电器、接触器的线圈或触头等。图中的连线是"硬接线"，线路图两端有外接电源，连线中有真实的物理电流。梯形图表示的是一个控制程序。图中的线圈以及常开、常闭触点实际上是存储器中的一位，称为"软继电器"。PLC 梯形图两端没有电源，连线上并没有真实电流流过，仅是"虚拟"电流。

2. 线圈

电力拖动线路图中的线圈包括中间继电器、时间继电器以及接触器等。PLC 梯形图中的继电器线圈是广义的，除了有输出继电器线圈、内部继电器线圈，还有定时器、计数器以及各种运算等。

3. 触点

电力拖动线路图中继电器触头数量是有限的，长期使用有可能出现接触不良。PLC 梯形图中的继电器触点对应的是存储器的存储单元，在整个程序运行中可以无限次使用，没有使用寿命的限制，无需用复杂的程序结构来减少触点的使用次数。

4. 工作方式

电力拖动线路图是并行工作方式，也就是按同时执行的方式工作，一旦形成电流通路，可能有多条支路工作。PLC 梯形图是串行工作方式，按梯形图先后顺序从上往下，从左往右执行，并循环扫描，不存在几条并列支路同时动作的情况。

四、巩固拓展

比较表 2-2 中的电力拖动线路图与 PLC 梯形图，并把表 2-2 填充完整。

表 2-2　电力拖动线路图与 PLC 梯形图的比较

	电力拖动线路图	PLC 梯形图
线路图	SB1　SB2　KM KM ←—— AC220V ——→	X1　X2　　　(Y0) Y0 [END]
线路元件		
线路原理		

五、检查与评价

（1）学生分组上台讲解演示任务实施过程。

（2）教师和学生为各个小组打分并点评，建立学生自评、小组互评、教师评价三位一体的多元评价体系。

项目学习评价

评价项目	项目评价内容	配分	自我评价	小组评价	教师评价	得分
理论知识	认识外围接线实物	10				
（30分）	I/O 接线图	20				
实际操作技能	画 I/O 接线图	30				
（60分）	外围电路连接与检测	30				
学习态度	出勤情况及纪律	5				
（10分）	团队协作精神	5				
安全文明生产	工具的正确使用及维护	5				
（10分）	实训场地的 6S 整理	5				
	综合评价	100				

个人学习总结

成功之处	
不足之处	
如何改进	

任务三　PLC 的基本指令

一、自主学习

（1）通过查阅资料了解 PLC 常用的基本指令。

（2）通过 QQ、微信、论坛等工具进行讨论学习、合作探究。

二、计划与决策

（1）PLC 的基本指令。

（2）PLC 程序的编写与传送。

知识 1　PLC 的基本指令

FX2N 系列 PLC 共有 27 条基本指令，供编程者编写指令语句时使用，它与梯形图有着严格的对应关系。基本指令中最常用的有下面几条触点连接指令和线圈驱动指令。

1. 触点加载指令 LD、LDI 及线圈驱动指令 OUT

LD：取指令。表示一个与左母线相连的常开触点指令。

LDI：取反指令。表示一个与左母线相连的常闭触点指令。

LD 和 LDI 指令操作元件可以是输入继电器 Y、辅助继电器 M、状态继电器 S、定时器 T 和计数器 C 中的任何一个。

OUT：输出指令。输出指令操作元件可以是输出继电器 Y、辅助继电器 M、状态继电器 S、定时器 T 和计数器 C 中的任何一个。OUT 指令不能用于驱动输入继电器，因为输入继电器的状态是由输入信号决定的。触点加载与线圈驱动指令的用法如图2-13所示。

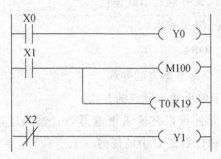

图 2-13　触点加载与线圈驱动

0	LD	X0	常开触点与左母线相连
1	OUT	Y0	输出指令
2	LD	X1	
3	OUT	M100	
4	OUT	T0　K19	M100 与 T0 线圈直接并联输出，这种输出形式称为并行输出
7	LDI	X2	常闭触点与左母线相连
8	OUT	Y1	

2. 触点串联指令 AND、ANI

AND：与指令。用于单个常开触点的串联。

ANI：与反指令。用于单个常闭触点的串联。

AND 和 ANI 指令操作元件可以是输入继电器 Y、输出继电器 Y、辅助继电器 M、状态继电器 S、定时器 T 和计数器 C 中的任何一个。

OUT 指令后，通过触点对其他线圈使用 OUT 指令称为纵接输出，触点串联与线圈纵接驱动指令的用法如图 2-14 所示。

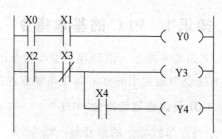

图 2-14　触点串联与线圈纵接驱动

0　LD　X0

1　AND　X1　　　　常开触点串联连接

2　OUT　Y0

3　LD　X2

4　ANI　X3　　　　常闭触点串联连接

5　OUT　Y3

6　AND　X4　　　　常开触点串联连接

7　OUT　Y4　　　　纵接输出

3. 触点并联指令 OR、ORI

OR：或指令。用于单个常开触点的并联。

ORI：或反指令。用于单个常闭触点的并联。

OR 和 ORI 指令操作元件可以是输入继电器 X、输出继电器 Y、辅助继电器 M、状态继电器 S、定时器 T 和计数器 C 中的任何一个。

触点并联指令的用法如图 2-15 所示。

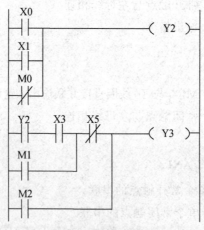

图 2-15　触点并联

0　LD　X0

1　OR　X1　　　　常开触点并联连接

2　ORI　M0　　　　常闭触点并联连接

3　OUT　Y2

4　LD　Y2

5　AND　X3

6　OR　M1

7　ANI　X5

8　OR　M2

9　OUT　Y3

4. 串联电路块的并联连接指令 ORB

ORB是串联电路块的并联连接指令，或称"电路块或指令"。

两个以上触点串联的电路称为串联电路块。当电路块与电路块并联时就应使用ORB指令。

将串联电路块并列连接时，分支开始用 LD、LDI 指令，分支结束用 ORB 指令。亦即编写每个电路块的助记符指令时，如果第一个触点是常开触点，则不管这个触点是否接在左母线上，都要用 LD 指令；如果第一个触点是常闭触点，则要用 LDI 指令。

如图2-16所示，从梯形图转换成指令表，从上往下、自左向右依次进行转换，按照两两并联的原则，在首次出现的两个串联块后加一个 ORB 指令，此后每出现一个要并联的串联块，就要加一个 ORB 指令。

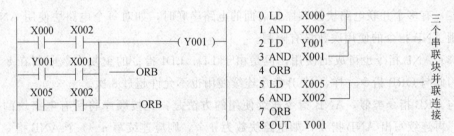

图 2-16　ORB 指令的使用

注意：

（1）ORB 指令是不带软元件编号的独立指令。

（2）有多个电路块并联时，如对每个电路块使用 ORB 指令，则 ORB 指令的使用次数没有限制。

（3）ORB 指令也可成批使用，ORB 指令连续使用不允许超过 8 次。

ORB 指令连续使用的方法是：先按顺序将所有电路块的指令写出，再连续写出 ORB 指令，如电路块数为 n 个，则应连续写 $n-1$ 个 ORB 指令。

5. 并联电路块的串联连接指令 ANB

ANB 是并联电路块的串联连接指令，或称"电路块与指令"。

两个或两个以上触点并联的电路称为并联电路块，分支电路（并联电路块）与前面电路串联连接时，使用 ANB 指令。

将并联电路块串联时，分支的起点用 LD、LDI 指令，分支结束用 ANB 指令与前面的电路串联连接。亦即编写每个电路块的助记符指令时，如果第一个触点是常开触点，则不管这个触点是否接左母线，都要用 LD 指令；如果第一个触点是常闭触点，则要用 LDI 指令。

如图 2-17 所示梯形图，如将其转换成指令表，可按从上往下、自左向右依次进行转换。

按照两两串联的原则，在首次出现的两个并联块后应串联一个 ANB 指令，此后每出现一个要串联的并联块，就要加一个 ANB 指令。当前一个并联块结束时，必须用 LD 或 LDI 指令表示后一个并联块的开始。

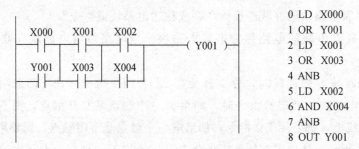

图 2-17　ANB 指令的梯形图

注意：

（1）如同 ORB 指令一样，ANB 指令也是不带软元件编号的独立指令。

（2）有多个并联电路块按顺序与前面的电路串联时，如对每个电路块使用 ANB 指令，则 ANB 指令的使用次数没有限制。

（3）ANB 指令也可成批使用，但是由于 LD、LDI 指令的重复次数限制在 8 次以下，因此与 ORB 指令一样，ANB 指令连续使用也不允许超过 8 次。

与 ORB 指令类似，ANB 指令连续使用的方法是：先按顺序将所有电路块的指令写出，再连续写出 ANB 指令，如电路块数为 n 个，则应连续写出 $n-1$ 个 ANB 指令。

6. 置位与复位指令

SET 指令称为"置位指令"，其功能是驱动线圈，使其具有自锁功能，维持接通状态。"SET"为置位指令的助记符。置位指令的操作元件为输出继电器 Y、辅助继电器 M 和状态继电器 S。

RST 指令称为"复位指令"，其功能是使线圈复位。

"RST"为复位指令的助记符。复位指令的操作元件为输出继电器 Y、辅助继电器 M、状态继电器 S、积算定时器 T 和计数器 C，如图 2-18 所示。

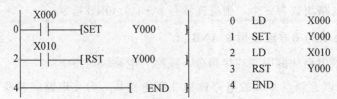

图 2-18　置位指令和复位指令

知识 2　PLC 程序的编写与传送

用编程软件（GX-Developer）编写梯形图程序的步骤如下。

1. 进入梯形图编程界面

选择【创建新工程】，弹出"创建新工程"对话框。在对话框中的"PLC 系列"选"FXCPU"；"PLC 类型"选"FX2N（C）"；"程序类型"选"梯形图逻辑"。最后"确定"进入梯形图程序编写的界面。如图 2-19、2-20 所示。

图 2-19　PLC 创建工程界面

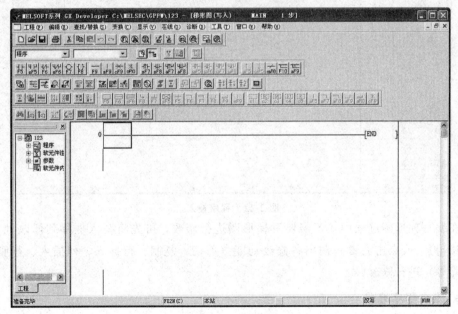

图 2-20　编程界面

2. 梯形图编写

用编程软件 GX-Developer 编写梯形图程序，依次输入图 2-21 所示梯形图中的各软元件，图 2-22 所示为程序的输入方法：单击 F5 按钮，出现"梯形图输入"对话框，选择所要输入的元件符号，输入元件名称，最后单击"确定"按钮。其他元件的输入方法与之类似。

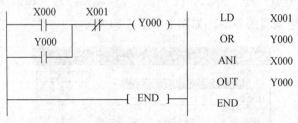

图 2-21　梯形图

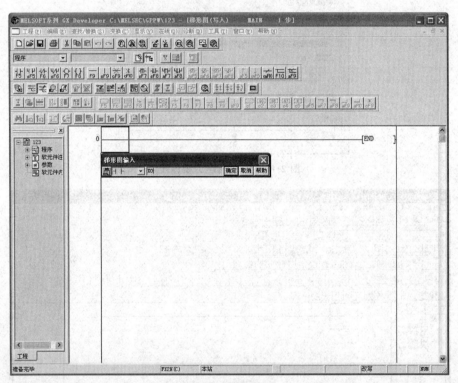

图 2-22　程序输入

在编写梯形图过程中，若需要对梯形图进行修改，可先将写入框移到修改处，点击【编辑】（或点击右键）调出各修改功能（剪切、复制、行插入、列插入、行删除、列删除等）进行修改。

3. 指令程序编写

梯形图程序编写完成后如图 2-23 所示，应先点击菜单【变换】中的"变换"项（或按 F4），对已编写的梯形图进行变换，然后再点击"梯形图程序与指令程序变换"

的图标，就能得到与梯形图对应的指令程序。但若不先将编辑中的梯形图进行变换，则不能实现梯形图程序与指令程序的变换。

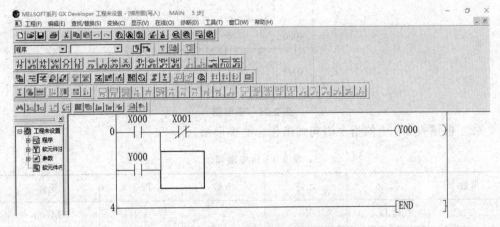

图 2-23 用编程软件编写的梯形图程序

4. 将已完成编写的程序传送到 PLC

点击菜单【在线】，再点击【PLC 写入】（或点击"PLC 写入"图标），弹出"PLC 执行"对话框，程序传送的操作步骤示意图如图 2-24 所示。

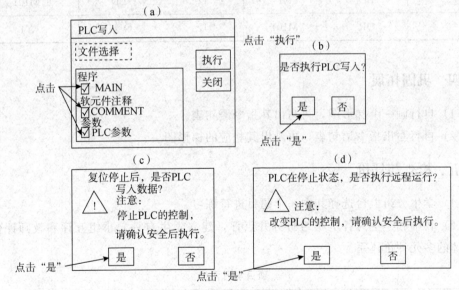

图 2-24 程序传送的操作步骤示意图

5. 程序的执行与调试

将负载电源送电，执行程序，将程序调试到满足实训任务的控制要求。

三、任务实施

（1）根据梯形图 2-25 写出相应的指令语句表。

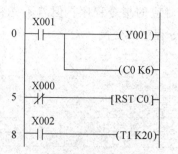

图 2-25 梯形图

（2）根据表 2-3 中的指令语句画出相应的梯形图。

表 2-3 指令语句表

步数	指令	元件	步数	指令	元件
1	LD	X0	7	ANI	M100
2	OR	Y0	8	OUT	M101
3	ANI	M101	9	LD	M100
4	OUT	M100	10	OUT	Y0
5	LD	X1	11	LD	M101
6	OR	M101	12	OUT	Y1

四、巩固拓展

（1）自行画一个梯形图，再写出其指令语句表。

（2）自行写出指令语句表，再画出其相应的梯形图。

五、检查与评价

（1）学生分组上台选择其中一个题目进行练习。

（2）教师和学生为各个小组打分并点评，建立学生自评、小组互评和教师评价三位一体的多元评价体系。

项目学习评价

评价项目	项目评价内容	配分	自我评价	小组评价	教师评价	得分
理论知识 （20分）	根据梯形图写出指令语句表	10				
	根据指令语句表写出梯形图	10				

（续表）

评价项目	项目评价内容	配分	自我评价	小组评价	教师评价	得分
实际操作技能 （60分）	编程软件的使用	10				
	编写梯形图并下载到 PLC	10				
	外围电路接线与检测	20				
	程序编写及调试	20				
学习态度 （10分）	出勤情况及纪律	5				
	团队协作精神	5				
安全文明生产 （10分）	工具的正确使用及维护	5				
	实训场地的 6S 管理	5				
	综合评价	100				

个人学习总结

成功之处	
不足之处	
如何改进	

任务四　PLC 控制一个 LED 二极管

一、自主学习

（1）通过微课视频了解用 PLC 实现控制的基本步骤。

（2）通过 QQ、微信、论坛等工具进行讨论学习、合作探究。

二、计划与决策

（1）PLC 编程的基本步骤。

（2）停止控制的两种方式。

知识 1　PLC 编程的基本步骤

1. 决定系统所需的动作及次序

当使用可编程控制器时，最重要的一环是决定系统所需的输入及输出。输入及输出要求：第一步是设定系统输入及输出数目；第二步是决定控制先后、各器件相应关系以及做出何种反应。

2. 对输入、输出器件编号

每一输入和输出，包括定时器、计数器、寄存器等都有一个唯一的对应编号，不能混用。

3. 编写梯形图

根据控制系统的动作要求，画出梯形图。梯形图设计规则如下。

（1）触点应画在水平线上，并且根据从上往下、从左往右的原则和对输出线圈的控制路径来画。

（2）不包含触点的分支应放在垂直方向、以便于识别触点的组合和对输出线圈的控制路径。

（3）在有几个串联回路相并联时，应将触点多的那个串联回路放在梯形图的最上面。在有几个并联回路相串联时，应将触点最多的并联回路放在梯形图的最左面。这种安排，所编制的程序简洁明了，语句较少。

（4）不能将触点画在线圈的右边。

4. 把梯形图转化为指令表

5. 用软件编写 PLC 程序并传送

知识 2 停止控制的两种方式

停止控制通常有两种常见的控制方式，一种是用常闭按钮作为停止控制，另一种是用常开按钮作为停止控制，两者的比较如表 2-4 所示。

表 2-4 常开按钮与常闭按钮作停止控制的比较

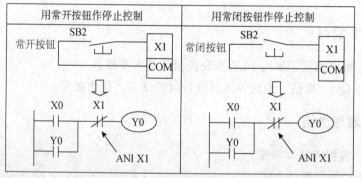

用常开按钮和常闭按钮作停止按钮的区别是：当输入继电器（X1）接常开按钮 SB2，按下 SB2，输入继电器 X1 常开触点闭合，常闭触点断开。松开 SB2，输入继电器 X1 常开触点断开，常闭触点闭合。

当输入继电器（X1）接常闭按钮 SB2，按下 SB2，输入继电器 X1 常开触点断开，常闭触点闭合。松开 SB2，输入继电器 X1 常开触点闭合，常闭触点断开。

一般我们采用常开按钮作停止控制的方式。

三、任务实施

PLC 控制一个 LED 二极管：

按下常开按钮 SB1，LED 二极管发光并保持；按下常开按钮 SB2，LED 二极管熄灭。

1. 编程思路

按下 SB1→LED 二极管发光并保持；

按下 SB2→LED 二极管熄灭。

2. I/O 分配表

表 2-5 I/O 分配表

输入端（I）		输出端（O）	
外接元件	输入继电器地址	外接元件	输入继电器地址
常开按钮 SB1	X0	灯 HL1	Y0
常开按钮 SB2	X1		

3. PLC 接线图

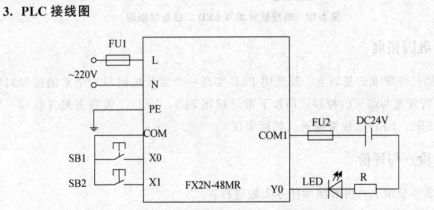

图 2-26 PLC 控制一个 LED 二极管接线图

4. 梯形图

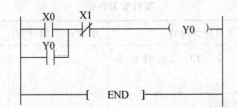

图 2-27 PLC 控制一个 LED 二极管梯形图

5. 指令程序

0   LD   X0

1   OR   Y0

2   LDI   X1

3   OUT   Y0

4   END

6. 程序编写与传送

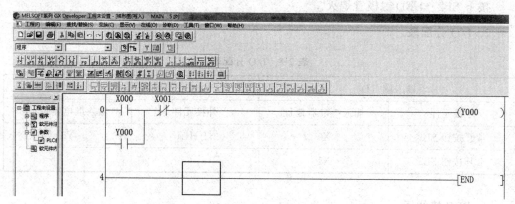

图 2-28　编程软件编写 LED 二极管梯形图

四、巩固拓展

在上面任务要求的基础上，改成用 PLC 实现一个常开按钮与一个常闭按钮对一个 LED 二极管发光与熄灭的控制，即按下常开按钮 SB1，LED 二极管发光并保持；按下常闭按钮 SB2，LED 二极管熄灭。如何实现？

五、检查与评价

（1）学生分组上台讲解演示任务实施过程。

（2）教师和学生为各个小组打分并点评，建立学生自评、小组互评和教师评价三位一体的多元评价体系。

项目学习评价

评价项目	项目评价内容	配分	自我评价	小组评价	教师评价	得分
理论知识 （20分）	PLC 控制一个 LED 二极管基本步骤	10				
	梯形图程序编写	10				

评价项目	项目评价内容	配分	自我评价	小组评价	教师评价	得分
实际操作技能 （60分）	编程软件的使用	10				
	模块选择与测试	10				
	外围电路连接与检测	20				
	程序编写及调试	20				
学习态度 （10分）	出勤情况及纪律	5				
	团队协作精神	5				
安全文明生产 （10分）	工具的正确使用及维护	5				
	实训场地的 6S 管理	5				
	综合评价	100				

个人学习总结

成功之处	
不足之处	
如何改进	

任务五　PLC 控制 LED 数码管

一、自主学习

（1）自主学习微课视频，了解 LED 数码管的工作原理和工作过程。

（2）通过 QQ、微信、论坛等工具进行讨论学习、合作探究。

二、计划与决策

（1）LED 数码管的工作原理。

（2）LED 数码管的工作过程。

知识 1　LED 数码管的工作原理

LED 数码管由七段或八段发光二极管组成，在平面上排成 8 字型。有共阴极和共阳极两种类型。使某些段点亮而另一些段不亮就可以显示 0～9、A～F 等字型。使某段点亮必须具备两个条件：①共阴极管的公共端接地和共阳极管的公共端接电源。②共阴极管的控制端接电源和共阳极管的控制端接地。LED 数码管如图 2-29 所示。

图 2-29　LED 数码管

知识 2　LED 数码管的工作过程

在实际运用的显示中，要把具体的数字显示出来，七段数码管是通过不同的组合形成数字"0～9"，图 2-30 中列出了数码管显示各个数字发光段的组合（发光为高电平"1"），如当 a、b、c、d、e、f 六个发光段发光时，即显示数字"0"，而要显示数字"1"，则需要有 b、c 两个发光段发光。

七段组合体	g	f	e	d	c	b	a	显示数字
	0	1	1	1	1	1	1	0
	0	0	0	0	1	1	0	1
	1	0	1	1	0	1	1	2
	1	0	0	1	1	1	1	3
	1	1	0	0	1	1	0	4
	1	1	0	1	1	0	1	5
	1	1	1	1	1	0	1	6
	0	1	0	0	1	1	1	7
	1	1	1	1	1	1	1	8
	1	1	0	1	1	1	1	9

图 2-30　七段数码管发光段和数字显示的对应关系

三、任务实施

通过对这个"LED 数码管"的工作原理和工作过程的分析，拟定编程思路，画出 I/O 分配表和 PLC 接线图，编写梯形图程序，并进行在线仿真、调试及运行。

1. 编程思路

按下 SB1→显示数字"1"；
按下 SB2→显示数字"2"；
按下 SB3→显示数字"3"；
按下 SB4→数码管熄灭。

2. I/O 分配表

表 2-6　I/O 分配表

输入端（I）		输出端（O）	
外接元件	输入继电器地址	外接元件	输入继电器地址
常开按钮 SB1	X0	数码管 A	Y0
常开按钮 SB2	X1	数码管 B	Y1
常开按钮 SB3	X2	数码管 C	Y2
停止按钮 SB4	X3	数码管 D	Y3
		数码管 E	Y4
		数码管 F	Y5
		数码管 G	Y6

3. PLC 接线图如图 2-31 所示

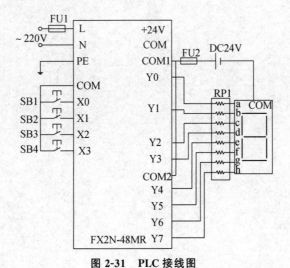

图 2-31　PLC 接线图

4. 梯形图

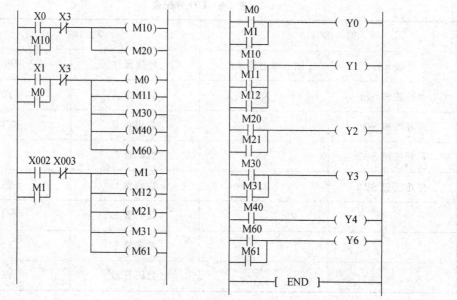

图 2-32　梯形图

5. 指令语句表

LD　X0

OR　M10

ANI　X3

OUT　M10

OUT　M20

LD　X1

OR　M0

ANI　X3

OUT　M0

OUT　M11

OUT　M30

OUT　M40

OUT　M60

LD　X2

OR　M1

ANI　X3

OUT　M1

OUT　M12

OUT　M21

```
OUT   M31
OUT   M61
LD  M0
OR  M1
OUT   Y0
LD  M10
OR  M11
OR   M12
OUT   Y1
LD  M20
OR  M21
OUT   Y2
LD  M30
OR  M31
OUT   Y3
LD  M40
OUT   Y4
LD  M60
OR  M61
OUT   Y6
END
```

四、巩固拓展

如果该项目采用的是八段 LED 数码管，同样是实现上述功能，如何利用 PLC 实现？并简述七段 LED 数码管和八段 LED 数码管的区别。

五、检查与评价

1. 学生分组上台讲解演示任务实施过程。

2. 教师和学生为各个小组打分并点评，建立学生自评、小组互评和教师评价三位一体的多元评价体系。

项目学习评价

评价项目	项目评价内容	配分	自我评价	小组评价	教师评价	得分
理论知识（20分）	用 PLC 实现 LED 数码管控制的基本步骤	10				
	梯形图程序编写	10				

评价项目	项目评价内容	配分	自我评价	小组评价	教师评价	得分
实际操作技能 （60 分）	编程软件的使用	10				
	模块选择与测试	10				
	外围电路连接与检测	20				
	程序编写及调试	20				
学习态度 （10 分）	出勤情况及纪律	5				
	团队协作精神	5				
安全文明生产 （10 分）	工具的正确使用及维护	5				
	实训场地的 6S 管理	5				
	综合评价	100				

个人学习总结

成功之处	
不足之处	
如何改进	

项目三 水塔水位的 PLC 控制

教学重点 | JIAOXUE ZHONGDIAN

1. 正确理解定时器的有关知识和使用方法。
2. 了解通用辅助继电器的有关知识和应用。

教学难点 | JIAOXUE ZHONGDIAN

1. 掌握时间控制程序的编程方法。
2. 掌握通用辅助继电器的编程方法。

学习过程 | XUEXI GUOCHENG

学习过程	教学手段及方式
自主学习	1. 自主学习微课视频，通过网络检索相关知识点 2. 通过 QQ、微信、论坛等工具进行讨论学习、合作探究
计划与决策	1. 了解定时器的有关知识和使用方法 2. 了解通用辅助继电器的有关知识和使用方法
项目实施	1. 利用定时器实现水塔水位的 PLC 控制 2. 学会在 PLC 编程中应用定时器实现时间控制 3. 学会在 PLC 编程中应用通用辅助继电器实现控制
检查与评价	建立学生自评、小组互评和教师评价三位一体的多元评价体系
巩固拓展	完成课后实训作业

任务一 认识定时器

一、自主学习

（1）自主学习微课视频，了解定时器的相关概念。

（2）通过网络查找资料了解定时器在 PLC 应用中的重要作用。

（3）通过 QQ、微信、论坛等工具进行讨论学习、合作探究。

二、计划与决策

（1）认识计数器。

（2）计数器的分类。

（3）计数器的动作原理。

知识 1　认识定时器

在生产实践中，会经常遇到需要延时的自动控制，比如交通灯的控制、楼梯灯延时熄灭等。凡是需要时间控制的程序，都要用到定时器。定时器是 PLC 内置的一个软元件，用符号"T"表示，是 PLC 程序中常用的软元件。定时器作为时间元件相当于电力拖动控制线路中通电延时型时间继电器，也是由线圈和触点组成。基于 PLC 中定时器是软元件，所以它有无数对常开和常闭触点，不像时间继电器的常开、常闭触头数量会受到元件结构的限制。定时器的结构如图 3-1 所示。

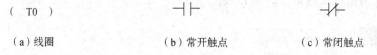

（a）线圈　　　　　　　　（b）常开触点　　　　　　　　（c）常闭触点

图 3-1　定时器的结构

知识 2　定时器的分类

FX2N 系列定时器主要分为常规定时器 T0～T245 和积算定时器 T246～T255 两大类。常规定时器如表 3-1 所示。

表 3-1　常规定时器与计时单位

地址号	数量	计时单位	时间设定值范围
T0～T199	200 个	100 ms（0.1s）	0.1 s～3276.7 s
T200～T245	46 个	10 ms（0.01s）	0.01 s～327.67 s

应用定时器时，需设置一个十进制数的时间设定值。在程序中，凡数字前面加有符号"K"的数值都表示十进制数。定时器计算其线圈通电的时间，线圈通电时间到达所设定的定时值，其触点就动作。定时器的定时时间等于计时单位与常数 K 的乘积。当设备断电或定时器断路时，定时器立即停止计时并清零复位其触点。定时器的用法如图 3-2 所示。由于 T1 的计时单位是 100 ms（0.1 s），因此 K20 表示 20×0.1 s＝2 s；因此定时器 T1 被驱动后延时 2 s，T1 触点才动作。

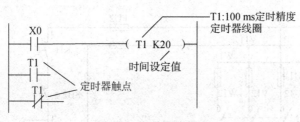

图 3-2 定时器的用法

知识 3 定时器的动作原理

定时器的线圈得电，定时器开始计时；当前值等于设定值时，定时器的线圈得电，常开触点闭合，常闭触点断开；如果要保持常开触点闭合，常闭触点断开，定时器的线圈就不能失电。当定时器的线圈失电时，定时器当前值清零，定时器当前值与设定值不相等，则定时器的常开触点断开，常闭触点闭合。定时器的动作过程如图 3-3 所示。

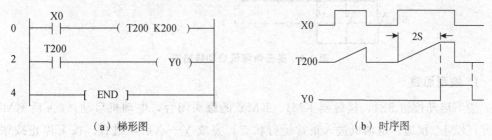

（a）梯形图　　　　　　　　　　　　　　　（b）时序图

图 3-3 定时器的工作过程

图（b）所示为时序图。时序图可以直观地表达出梯形图的控制功能。在画时序图时，我们一般规定只画各元件常开触点的状态，如果常开触点是闭合状态，用高电平"1"表示；如果常开触点是断开状态，则用低电平"0"表示。假如梯形图中只有某元件的线圈和常闭触点，则在时序图中仍然只画出其常开触点的状态。

三、任务实施

一般三相异步电动机功率在 4KW 及以上时，均采用星三角降压启动。星三角降压启动的目的是降低电机的启动电流，减少对电网的冲击，而且启动设备简单，成本较低。星三角降压启动控制线路图如图 3-4 所示。该控制线路由三个接触器、一个热继电器、一个时间继电器和两个按钮组成。接触器 KM 作引入电源用，接触器 KMY 和 KM△ 分别作 Y 形降压启动用和 △ 运行用，时间继电器 KT 用作控制 Y 形降压启动时间和完成 Y−△ 自动切换。SB1 是启动按钮，SB2 是停止按钮，FU1 作主电路的短路保护，FU2 作控制电路的短路保护，KH 作过载保护，QF 作电源总开关。

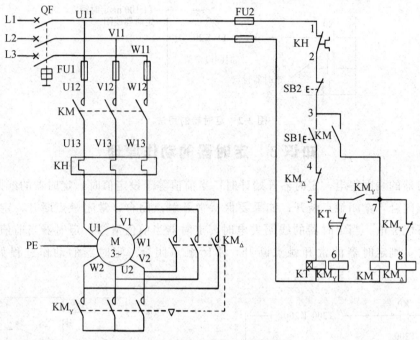

图 3-4 星三角降压启动线路图

1. 编程思路

按下启动按钮 SB1，接触器 KM1、KMY 的触头闭合，电动机启动，2 s 后 KMY 断开，KM△ 接通，电动机进入正常运行状态，完成 Y－△ 启动过程。按下停止按钮，电动机停止运行。（基于 PLC 中有定时器软元件，所以控制线路中不再需要时间继电器）

2. I/O 分配表

表 3-2 星三角降压启动 PLC 控制 I/O 分配表

输入端（I）		输出端（O）	
外接元件	输入继电器地址	外接元件	输入继电器地址
常开按钮 SB1	X0	控制电动机电源 KM1	Y0
停止按钮 SB2	X1	控制电动机星型连接 KMY	Y1
		控制电动机三角型连接 KM△	Y2

3. PLC 接线图

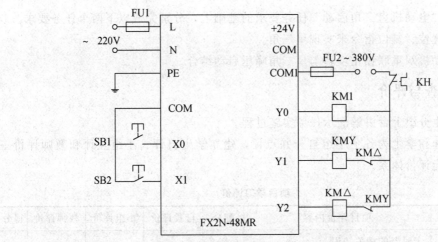

图 3-5　星三角降压启动 PLC 控制接线图

4. 梯形图（利用 GX-Developer 软件编写）

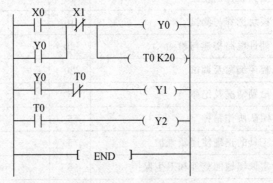

图 3-6　星三角降压启动 PLC 控制梯形图

5. 指令程序

LD　X0

OR　Y0

ANI　X1

OUT　Y0

OUT　T0　K20

LD　Y000

ANI　T0

OUT　Y1

LD　T0

OUT　Y2

END

四、巩固拓展

在前面"电动机星三角启动"任务要求的基础上，分别完成以下两个任务要求。

（1）用置位、复位指令来实现星三角。

（2）电动机双重联锁正反转与星三角降压启动结合。

五、检查与评价

（1）学生分组上台讲解演示任务实施过程。

（2）教师和学生为各个小组打分并点评，建立学生自评、小组互评和教师评价三位一体的多元评价体系。

项目学习评价

评价项目	项目评价内容	配分	自我评价	小组评价	教师评价	得分
理论知识 （20分）	定时器的相关知识	10				
	用 PLC 实现星三角降压启动	10				
实际操作技能 （60分）	工具软件的使用	10				
	模块选择与测试	10				
	硬件电路搭建与检测	20				
	程序编写及调试	20				
学习态度 （10分）	出勤情况及纪律	5				
	团队协作精神	5				
安全文明生产 （10分）	工具的正确使用及维护	5				
	实训场地的整理和卫生保持	5				
	综合评价	100				

个人学习总结

成功之处	
不足之处	
如何改进	

任务二　认识辅助继电器

一、自主学习

（1）自主学习微课视频，了解辅助继电器的相关概念。

（2）通过网络查找资料了解辅助继电器在 PLC 应用中的重要作用。

（3）通过 QQ、微信、论坛等工具进行讨论学习、自主探究。

二、计划与决策

（1）认识辅助继电器。

（2）辅助继电器的分类。

（3）辅助继电器的运用。

知识 1　辅助继电器

PLC 的辅助继电器（M）也是 PLC 内部的软元件，相当于继电器控制电路的中间继电器。它的结构如图 3-7 所示，也是由线圈和常开、常闭触点组成。

（ M ）　　　　　┤├　　　　　┤／├

（a）线圈　　　　　（b）常开触点　　　　　（c）常闭触点

图 3-7　辅助继电器的结构

它与 PLC 输出继电器（Y）相比：相同点是它能像输出继电器 Y 一样被驱动；不同点是输出继电器 Y 能直接驱动外部负载，而辅助继电器 M 却不能直接驱动外部负载。每个辅助继电器也有无数对常开触点与常闭触点供用户使用。

知识 2　辅助继电器的分类

FX2N 系列 PLC 的辅助继电器有：通用辅助继电器、保持辅助继电器、特殊辅助继电器。

1. 通用辅助继电器（M0～M499，共 500 个点）

通用辅助继电器和输出继电器一样，当线圈得电后其状态为 ON；失电后其状态为 OFF。

2. 保持辅助继电器（M500～M1023 及 M1024～M3071，共 2572 个点）

在 PLC 电源断开后，保持辅助继电器具有保持断电前的瞬间状态的功能，并在恢复供电后继续断电前的状态。

3. 特殊辅助继电器（M8000～M8255，共 256 个点）

（1）只能利用其触点的特殊辅助继电器

线圈由 PLC 自动驱动，用户只可以利用其触点。例如：M8000 为运行监控，PLC 运行时 M8000 接通；M8002 为仅在运行开始瞬间接通的初始脉冲特殊辅助继电器。

M8011：触点以 10 ms 的频率作周期性通断，产生 10 ms 的时钟脉冲。

M8012：触点以 100 ms 的频率作周期性通断，产生 100 ms 的时钟脉冲。

M8013：触点以 1 s 的频率作周期性通断，产生 1 s 的时钟脉冲。

M8014：触点以 1 min 的频率作周期性通断，产生 1 min 的时钟脉冲。

（2）可驱动线圈型特殊辅助继电器

用户驱动线圈后，PLC 作特定动作。例如：M8033 为 PLC 停止时输出保持特殊辅助继电器；M8034 为禁止全部输出特殊辅助继电器；M8039 为定时扫描特殊辅助继电器。

知识 3 辅助继电器的运用

辅助继电器主要用来做自锁和驱动下一条指令。如图 3-8 所示，系统启动时没有输出，而定时器启动时又不能自锁，这就需要借助辅助继电器自锁，给定时器连续供电。

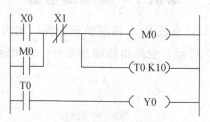

图 3-8 辅助继电器的运用

三、任务实施

在我们的日常生活中，水的浪费是惊人的。对于冲水系统而言，在保证冲水开关正常的情况下，实现开关的自动化显得尤为重要。自动冲水控制系统，避免了因人为原因忘记关闭出水阀开关造成的水资源浪费，同时又控制每次的冲水量，减少不必要的浪费。冲水系统如图 3-9 所示。

（a）老式冲水系统

（b）新式冲水系统

图 3-9 冲水系统

1. 编程思路

某公共设备采用一种自动冲水装置，即在设备上安装一个传感器，当传感器检测到有人时，传感器常开触点自动闭合（只要人未离开，传感器触点就一直保持闭合状态），当人离开后，传感器触点自动断开，从而进行自动冲水控制。要求传感器触点闭合时延时 3 s 后冲水装置启动，冲水 2 s；传感器触点断开时，冲水 5 s 后自动停止。

2. I/O 分配表

表 3-3　冲水系统 PLC 控制 I/O 分配表

输入端（I）		输出端（O）	
外接元件	输入继电器地址	外接元件	输入继电器地址
传感器常开触点 S（用开关 SA1 代替）	X0	KM	Y0

3. PLC 接线图

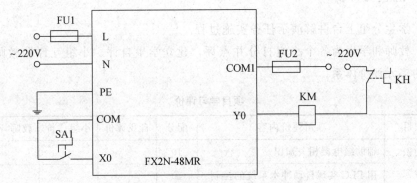

图 3-10　冲水系统 PLC 控制接线图

4. 梯形图（利用 GX-Developer 软件编写）

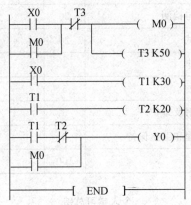

图 3-11　冲水系统 PLC 控制梯形图

5. 指令程序

LD　X0	LD　T1
OR　M0	OUT　T2　K20
ANI　T3	LD　T1
OUT　M0	ANI　T2
OUT　T3　K50	OR　M0

```
LD   X0              OUT   Y0
OUT  T1  K30         END
```

四、巩固拓展

请按以下三个控制要求编写程序。

（1）实现灯启动延时 3 s 发光的控制。

（2）实现灯断电延时 2 s 熄灭的控制。

（3）实现灯启动延时 3 s 发光，断电延时 2 s 熄灭的控制。

五、检查与评价

（1）学生分组上台讲解演示任务实施过程。

（2）教师和学生为各个小组打分并点评，建立学生自评、小组互评和教师评价三位一体的多元评价体系。

项目学习评价

评价项目	项目评价内容	配分	自我评价	小组评价	教师评价	得分
理论知识 （20分）	辅助继电器相关知识	10				
	用 PLC 实现自动冲水系统的控制	10				
实际操作技能 （60分）	工具软件的使用	10				
	模块选择与测试	10				
	硬件电路搭建与检测	20				
	程序编写及调试	20				
学习态度 （10分）	出勤情况及纪律	5				
	团队协作精神	5				
安全文明生产 （10分）	工具的正确使用及维护	5				
	实训场地的整理和卫生保持	5				
	综合评价	100				

个人学习总结

成功之处	
不足之处	
如何改进	

任务三 定时器的应用

一、自主学习

（1）自主学习微课视频，了解定时器的常见应用。

（2）通过 QQ、微信、论坛等工具进行讨论学习、合作探究。

二、计划与决策

（1）定时器的用法。

（2）定时器的典型应用。

知识 1 定时器的用法

FX2N 系列 PLC 的定时器都是通电延时型定时器，即定时器线圈得电后，开始延时，到达设定值后，定时器常开触点闭合，常闭触点断开，在程序中起延时的作用。在定时器线圈失电时，定时器的触点瞬间复位。利用 PLC 的定时器可以设计出各式各样的时间控制程序，其中有长延时程序、时钟脉冲程序、接通延时和断开延时等控制程序。

知识 2 定时器的典型应用

1. 长延时程序

定时器定时时间的长短是由常数设定值决定的。FX2N 系列 PLC 中，编号为 T0～T199 的定时器常数设定值的取值范围是 1～32 767，即最长的定时时间是 $t=32\,767\times0.1=3\,276.7$ s，不到 1 h。如果需要设计定时时间为 1 h 或者更长的定时器，则可以采用定时器串级使用的方法实现长时间的延时。

图 3-12 所示就是定时时间为 1 h 的时间控制程序。

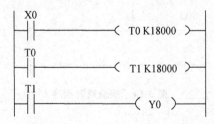

图 3-12 定时时间为 1 h 的控制程序

输入触点 X0 闭合后，经过 1h 的延时，输出信号 Y0 才接通，从而实现了长时间的定时。为实现这种功能，采用了两个定时器 T0 和 T1 的串级使用。当 X0 接通后，T0

开始定时，经过 1 800 s 的延时后，T0 的常开触点闭合，T1 开始定时；又经过 1 800 s 的延时，T1 的常开触点闭合，输出继电器 Y0 线圈接通。这样从输入触点 X0 接通，到 Y0 产生输出信号，其延时时间为 1 800 s＋1 800 s＝3 600 s＝1 h。定时器的串级使用就是先启动一个定时器，时间一到，用第一个定时器的常开触点去控制第二个定时器定时，如此下去，使用最后一个定时器的常开触点去控制所要控制的对象。

定时器串级使用时，其总的定时时间为各定时器常数设定值之和。N 个定时器（精度为 100 ms）串级，其最长定时时间为 3 276.7×N（s）。

2. 时钟脉冲程序

当 X0 常开触点闭合后，第一次扫描到 T0 常闭触点时，它是闭合的，于是 T0 线圈得电，经过 1 s 的延时，T0 常闭触点断开。T0 常闭触点断开后的下一个扫描周期中，当扫描到 T0 常闭触点时，因它已断开，使 T0 线圈失电，T0 常闭触点又随之恢复闭合。这样，在下一个扫描周期扫描到 T0 常闭触点时，又使 T0 线圈得电。重复以上动作，T0 常开触点连续闭合、断开，就产生了脉宽为一个扫描周期，脉冲周期为 1 s 的连续脉冲。改变 T0 的设定值，就可改变脉冲周期。图 3-13 为脉冲周期为 1 s 的时钟脉冲程序。

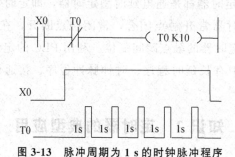

图 3-13　脉冲周期为 1 s 的时钟脉冲程序

3. 接通延时程序

将定时器常开触点 T0 与 Y0 串联，电路启动后先驱动定时器计时，3 s 后定时器动作，定时器常开触点 T0 闭合，Y0 才会被驱动，实现设备的接通延时控制。图 3-14 为接通延时程序。

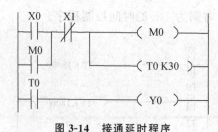

图 3-14　接通延时程序

4. 断开延时程序

定时器的常闭触点 T0 与 Y0 串联，电路先启动定时器计时 2 s，2 s 后定时器动作，定时器常闭触点断开，Y0 才会被断开，实现设备的断开延时控制。图 3-15 为断开延时程序。

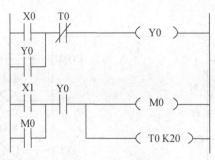

图 3-15 断开延时程序

三、任务实施

抢答器是各种竞赛活动中不可缺少的设备，无论是学校、工厂、军队还是益智性电视节目，都会举办各种各样的智力竞赛，都会用到抢答器。抢答器实际应用如图 3-16 所示。

图 3-16 抢答器的实际应用

1. 编程思路

用 PLC 设计一个三组抢答器。主持人读完题目后方可抢答，允许抢答；某组最先抢答成功，则该组指示灯点亮；同时锁住抢答器，其他组此时按键无效；延时 1 min 抢答复位，进行下一轮抢答，依次循环。

2. I/O 分配表

表 3-4 抢答器 PLC 控制 I/O 分配表

输入端（I）		输出端（O）	
外接元件	输入继电器地址	外接元件	输入继电器地址
常开按钮 SB1	X0	红灯（第一组）	Y0
常开按钮 SB2	X1	黄灯（第二组）	Y1
常开按钮 SB3	X2	绿灯（第三组）	Y2

3. PLC 接线图

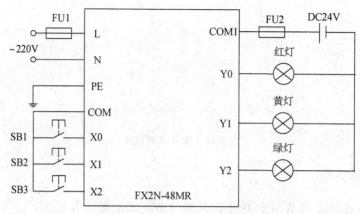

图 3-17 抢答器 PLC 控制接线图

4. 梯形图

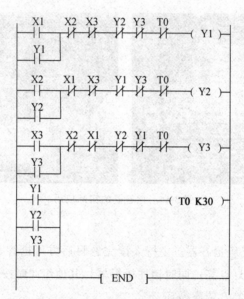

图 3-18 抢答器 PLC 控制梯形图

5. 指令程序

LD	X1		LD	X3
OR	Y1		OR	Y3
ANI	X2		ANI	X2
ANI	X3		ANI	X1
ANI	Y2		ANI	Y1
ANI	Y3		ANI	Y2
ANI	T0		ANI	T0

```
OUT   Y1              OUT   Y3
LD    X2              LD    Y1
OR    Y2              OR    Y2
ANI   X1              OR    Y3
ANI   X3              OUT   T0   K30
ANI   Y1              END
ANI   Y3
ANI   T0
OUT   Y2
```

四、巩固拓展

在上面任务要求的基础上，增加一项功能：主持人读完题目 15 s 内进行抢答，如果无人抢答，自动进入下一轮抢答。如何用 PLC 实现该功能？

五、检查与评价

1. 学生分组上台讲解演示任务实施过程。

2. 教师和学生为各个小组打分并点评，建立学生自评、小组互评和教师评价三位一体的多元评价体系。

项目学习评价

评价项目	项目评价内容	配分	自我评价	小组评价	教师评价	得分
理论知识 （20分）	定时器的典型应用	10				
	用 PLC 实现抢答器的控制	10				
实际操作技能 （60分）	工具软件的使用	10				
	模块选择与测试	10				
	硬件电路搭建与检测	20				
	程序编写及调试	20				
学习态度 （10分）	出勤情况及纪律	5				
	团队协作精神	5				
安全文明生产 （10分）	工具的正确使用及维护	5				
	实训场地的整理和卫生保持	5				
	综合评价	100				

个人学习总结

成功之处	
不足之处	
如何改进	

任务四　定时器的顺序控制

一、自主学习

（1）自主学习微课视频，了解顺序控制的常见应用。

（2）了解利用定时器实现顺序控制的基本步骤。

（3）通过 QQ、微信、论坛等工具进行讨论学习、合作探究。

二、计划与决策

（1）顺序控制的常见应用。

（2）利用定时器实现顺序循环控制的基本步骤。

知识 1　顺序控制的常见应用

顺序控制，是指按照生产工艺预先规定的顺序，各个执行机构自动地有秩序地进行操作。顺序控制系统主要应用于机械、化工、物料装卸运输等过程的控制以及机械手和生产自动线。在工业生产中，有不少要求作顺序控制的设备，如矿山传送带输送矿石，在输送距离较长的情况下，常由多台输送机接力传送。为了避免矿石在输送机上堆积，都要求拖动传送带输送机的电动机逐台顺序启动和逆序停止。此外还有不少电器设备，都有顺序启动要求。

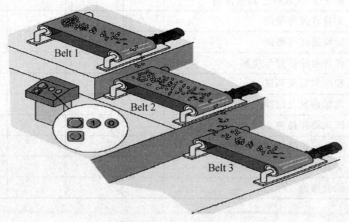

图 3-19　矿石传送带

知识 2　利用定时器实现顺序循环控制的基本步骤

关于顺序循环控制的问题，其编程有一定的规律，掌握这个规律编程就会很容易。

（1）根据时序图中各负载发生的变化，定下要用定时器的编号和各定时器要延时的时间。

（2）由于各定时器是按先后顺序接通的，因此要用前一个定时器的触点接通后一个定时器的线圈，再用最后一个定时器的触点去断开最前一个定时器的线圈，这样就完成了定时器的循环计时。

三、任务实施

音乐喷泉是一种为了娱乐而创造出来的可以活动的喷泉。多姿多彩的喷泉，为城市的人们在夜间增添一份美轮美奂的视觉和听觉盛宴，是快节奏的城市生活中一项颇为浪漫闲适的娱乐项目。音乐喷泉如图 3-20 所示。

图 3-20　音乐喷泉

1. 编程思路

喷泉控制设计：有 A、B、C 三组喷头，要求启动后 A 组先喷 5 s，之后 B、C 组同时喷，5 s 后 B 组停止，再过 5 s，C 组停止而 A、B 组同时喷，再过 2 s，C 组也喷；A、B、C 组同时喷 5 s 后全部停止，再过 3 s 重复前面过程；当按下停止按钮后，马上停止。

2. I/O 分配表

表 3-5　音乐喷泉 PLC 控制 I/O 分配表

输入端（I）		输出端（O）	
外接元件	输入继电器地址	外接元件	输入继电器地址
常开按钮 SB1	X0	A 组喷头	Y0
常开按钮 SB2	X1	B 组喷头	Y1
		C 组喷头	Y2

3. PLC 接线图

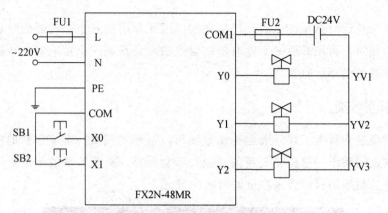

图 3-21 音乐喷泉 PLC 控制接线图

4. 梯形图

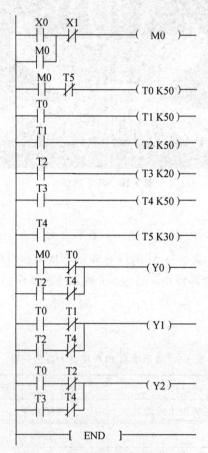

图 3-22 音乐喷泉 PLC 控制梯形图

5. 指令程序

LD X0   LD M0

OR　M0	ANI　T0
ANI　X1	LD　T2
OUT　M0	ANI　T4
LD　M0	OUT　Y0
ANI　T5	LD　T0
OUT　T0　K50	ANI　T1
LD　T0	LD　T2
OUT　T1　K50	ANI　T4
LD　T1	OUT　Y1
OUT　T2　K50	LD　T0
LD　T2	ANI　T2
OUT　T3　K50	LD　T3
LD　T3	ANI　T4
OUT　T4　K50	OUT　Y2
LD　T4	END
OUT　T5　K50	

四、巩固拓展

有三台电动机，要求启动时每隔 10 min 依次启动，每台运转 2 h 后自动停机。运行中还可以用停止按钮将三台电动机同时停机。试编出 PLC 控制程序。

五、检查与评价

（1）学生分组上台讲解演示任务实施过程。

（2）教师和学生为各个小组打分并点评，建立学生自评、小组互评和教师评价三位一体的多元评价体系。

项目学习评价

评价项目	项目评价内容	配分	自我评价	小组评价	教师评价	得分
理论知识 （20分）	定时器的顺序控制	10				
	用 PLC 实现喷泉控制	10				
实际操作技能 （60分）	工具软件的使用	10				
	模块选择与测试	10				
	硬件电路搭建与检测	20				
	程序编写及调试	20				

（续表）

评价项目	项目评价内容	配分	自我评价	小组评价	教师评价	得分
学习态度（10分）	出勤情况及纪律	5				
	团队协作精神	5				
安全文明生产（10分）	工具的正确使用及维护	5				
	实训场地的整理和卫生保持	5				
	综合评价	100				

个人学习总结

成功之处	
不足之处	
如何改进	

任务五　水塔水位的 PLC 控制

一、自主学习

（1）自主学习微课视频，了解水塔水位 PLC 控制的工作原理和工作过程。

（2）通过 QQ、微信、论坛等工具进行讨论学习、合作探究。

二、计划与决策

（1）水塔水位 PLC 控制的工作原理。

（2）水塔水位 PLC 控制的工作过程。

知识 1　水塔水位 PLC 控制的工作原理

一些工厂与住宅用户，常依靠水泵将水从供水池中抽上水箱或水塔，通过高位水箱或水塔保持高水位来维持连续不断供水，如图 3-23 所示。这种供水系统主要是通过上、下水位传感器来监测水塔和供水池的水位，保持供水池与水塔的水位高于下限位。当供水池水位过低时打开电磁阀进水，在供水池水位过高时关闭电磁阀停止进水；当水塔水位过低时启动抽水泵抽水上水塔，在水塔水位过高时，停止水泵的运行。

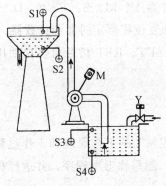

图 3-23 水塔供水系统示意图

知识 2 水塔水位 PLC 控制的工作过程

（1）当供水池水位低于下限位时，传感器 S4＝OFF，供水电磁阀 Y 启动（ON）进水；

（2）当供水池水位高于上限位时，传感器 S3＝ON，2 s 后供水电磁阀 Y 关闭（OFF），停止进水；

（3）当供水池水位高于下限位（S4＝ON），且水塔水位低于下限位（S2＝OFF）时，水泵 M 启动抽水；

（4）当水塔水位高于上限位（S1＝ON）时，或当供水池水位低于下限位（S4＝OFF）时，水泵 M 停止抽水。

知识 3 SET 和 RST 指令

SET 是置位指令，其作用是使被操作的操作元件置位并保持。

RST 是复位指令，其作用是使被操作的操作元件复位并保持清零状态。

SET 和 RST 的使用如图 3-24 所示。

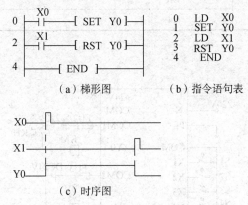

（a）梯形图　　（b）指令语句表

（c）时序图

图 3-24 SET 和 RST 的使用方法

指令使用说明：

（1）SET 指令的操作元件可以是 Y、M、S。

（2）RST 指令的操作元件为 Y、M、S、T、C、D、V、Z。RST 指令常被用来对 D、Z、V 的内容清零，还用来复位积算定时器和计数器。

（3）对于同一操作元件，SET、RST 指令可多次使用，顺序也可随意，但最后执行者有效。

三、任务实施

通过对"水塔水位 PLC 控制"的工作原理和工作过程的分析，拟定编程思路，画出 I/O 分配表和 PLC 接线图，编写梯形图程序，并进行在线仿真、调试及运行。

1. 编程思路

当供水池水位低于低位界限（用 S4 为 OFF 模拟）时，电磁阀 Y 打开，开始进水；当水池水位高于高位界限（用 S3 为 ON 模拟）时，2 s 后电磁阀 Y 关闭；当水塔水位低于低位界限（S2 为 OFF），而供水池水位高于低位界限（用 S4 为 ON 模拟）时，电动机 M（带动水泵）自动投入运行，开始抽水；当水塔水位达到高位界限（S1 为 ON）时或供水池水位低于低位界限（S4＝OFF）时，电动机 M 停止运行。

2. I/O 分配表

表 3-6　水塔水位 PLC 控制 I/O 分配表

输入端（I）		输出端（O）	
外接元件	输入继电器地址	外接元件	输入继电器地址
启动按钮 SB1	X0	水泵 KM	Y0
停止按钮 SB2	X10	电磁阀 YV	Y4
水塔高水位传感器 S1	X1		
水塔低水位传感器 S2	X2		
供水池高水位传感器 S3	X3		
供水池高水位传感器 S4	X4		

3. PLC 接线图

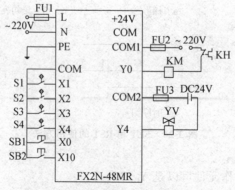

图 3-25　水塔水位 PLC 控制接线图

4. 梯形图

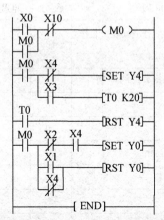

图 3-26 水塔水位 PLC 控制梯形图

5. 指令程序

LD X0	LD M0
OR M0	MPS
ANI X10	ANI X2
OUT M0	AND X4
LD M0	SET Y0
MPS	MPP
ANI X4	LD X1
SET Y4	ORI X4
MPP	RST Y0
LD X3	END
OUT T0 K20	
LD T0	
RST Y4	

四、巩固拓展

在上面任务要求的基础上，增加一项功能：当水池水位低于下限水位（S4＝ON），电磁阀应打开注水，若 3 s 内开关 S4 仍未由闭合转为分断，表明电磁阀 Y 未打开，出现故障，则指示灯 HL 闪烁报警。

五、检查与评价

（1）学生分组上台讲解演示任务实施过程。

（2）教师和学生为各个小组打分并点评，同时在线联系企业培训专员为各个小组评分，建立三位一体的多元评价体系。

项目学习评价

评价项目	项目评价内容	配分	自我评价	小组评价	教师评价	得分
理论知识 （20分）	水塔水位控制的工作原理和工作过程	10				
	用 PLC 实现对水塔水位的控制	10				
实际操作技能 （60分）	工具软件的使用	10				
	模块选择与测试	10				
	硬件电路搭建与检测	20				
	程序编写及调试	20				
学习态度 （10分）	出勤情况及纪律	5				
	团队协作精神	5				
安全文明生产 （10分）	工具的正确使用及维护	5				
	实训场地的整理和卫生保持	5				
	综合评价	100				

个人学习总结

成功之处	
不足之处	
如何改进	

项目四　电动机正反转的自动控制

教学重点 | JIAOXUE ZHONGDIAN

1. 学会应用 16 位加计数器。
2. 学会使用 SET 与 RST 指令进行编程。

教学难点 | JIAOXUE ZHONGDIAN

1. 掌握计数控制程序的编程方法。
2. 理解计数器到达设定值上升沿就动作的特征。

学习过程 | XUEXI GUOCHENG

学习过程	教学手段及方式
自主学习 （课前）	1. 自主学习微课视频，了解计数器的相关知识 2. 通过 QQ、微信、论坛等工具进行讨论学习、合作探究
计划与决策	1. 了解计数器的有关知识和使用方法 2. 了解边沿触点的有关知识和使用方法
项目实施	1. 利用计数器实现电动机正反转的自动控制 2. 学会在 PLC 编程中应用计数器实现计数控制
检查与评价 （与课堂同步）	建立学生自评、小组互评和教师评价三位一体的多元评价体系
巩固拓展 （课后）	完成课后实训作业

任务一 认识计数器

一、自主学习

（1）自主学习微课视频，了解计数器的相关概念。

（2）通过网络查找资料了解计数器在 PLC 应用中的重要作用。

（3）利用 QQ、微信、论坛等工具进行讨论学习、合作探究。

二、计划与决策

（1）认识计数器。

（2）计数器的分类。

（3）计数器的动作原理。

知识 1　认识计数器

FX2N 系列 PLC 的计数器用 C 表示，其操作对象是 PLC 的内部元件（如 X、Y、M、T、C 等）进行计数；当计数器的当前值与设定值相等时，计数器的线圈得电，常开触点闭合，常闭触点断开。计数器（C）由线圈与触点组成，PLC 的每一个计数器都有无数对常开与常闭触点供程序应用。计数器的结构如图 4-1 所示。

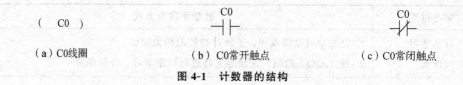

（　C0　）	C0	C0
（a）C0线圈	（b）C0常开触点	（c）C0常闭触点

图 4-1　计数器的结构

知识 2　计数器的分类

FX2N 系列 PLC 的计数器分类见表 4-1 所示，它分为内部信号计数器（简称内部计数器）和外部高速计数器（简称高速计数器）两大类。

表 4-1　FX2N 系列 PLC 的计数器分类

类型	位数	点数（计数器编号）	设定值范围
内部信号计数器	16 位通用计数器	100（C0－C99）	1～32 767
	16 位电池后备/锁存计数器	100（C100－C199）	1～32 767
	32 位通用双向计数器	20（C200－C219）	−24 783 648～+214 783 647
	32 位电池后备/锁存双向计数器	15（C220－C234）	−24 783 648～+214 783 647
外部高速计数器	32 位高速双向计数器	21（C235－C255）	−24 783 648～+214 783 647

1. 16 位加计数器

图 4-2 给出了加计数器的工作过程，图中 X1 的常开触点接通后，C0 被复位，它对应的位存储单元被置为 0，它的常开触点断开，常闭触点接通，同时其计数当前值被置为 0。M8012 用来提供计数输入信号，当计数器的复位输入电路断开，计数输入电路由断开变为接通（即计数脉冲的上升沿）时，计数器的当前值加 1。在 18 000 个计数脉冲之后，C0 的当前值等于设定值 18 000，它对应的位存储单元的内容被置为 1，其常开触点接通，常闭触点断开。再来计数脉冲时当前值不变，直到复位输入电路接通，计数器的当前值被置为 0。计数器也可以通过数据寄存器来指定设定值。

具有电池后备/锁存功能的计数器在电源断电时可保持其状态信息，重新送电后能立即按断电时的状态恢复工作。

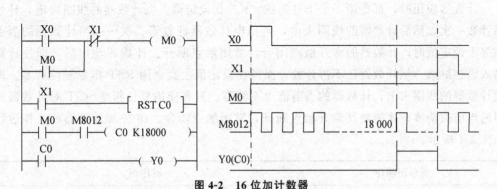

图 4-2 16 位加计数器

2. 32 位通用双向计数器

32 位双向计数器是指其计数方式有加计数与减计数两种方式。其方式由特殊辅助继电器 M8200～M8234 设定，对应的特殊辅助继电器为 ON 时，为减计数，反之为加计数。

计数器的当前值在最大值 2 147 483 647 时加 1，将变为最小值 -2 147 483 648。类似地，当前值 -2 147 483 648 减 1 时，将变为最大值 2 147 483 647，这种计数器称为"环形计数器"。

32 位通用双向计数器的设定值有两种方法：一是可由常数 K 设定；二是可以通过指定数据寄存器来设定，32 位设定值存放在元件号相连的两个数据寄存器中。如果指定的是 D0，则设定值存放在 D1 和 D0 中。图 4-3 中 C200 的设定值为 5，当 X12 断开时，M8200 为 OFF，此时 C200 为加计数。若计数器的当前值由 4 增加到 5，计数器的输出触点为 ON，当前值≥5 时，输出触点仍为 ON。当 X12 接通时，M8200 为 ON，此时 C200 为减计数器，当前值由 5 减少到 4 时，输出触点为 OFF，当前值≤4 时，输出触点仍为 OFF。复位输入 X13 的常开触点接通时，C200 被复位，其常开触点断开，常闭触点接通，当前值被置为 0。使用计数器前，一般都要将计数器复位才能用，这样不会出错。

如果使用电池后备/锁存计数器，在电源中断时，计数器停止计数，并保持计数当前值不变，电源再次接通后在当前值的基础上继续计数，因此电池后备/锁存计数器可累计计数。

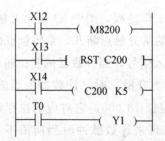

图 4-3　32 位通用双向计数器

知识 3　计数器的动作原理

计数器应用时，都要用一个十进制数"K"作设定值。当计数器的线圈得电，计数器计数一次，然后计数器的线圈失电，再得电计数器计数第二次……当计数器的当前值等于设定值时，计数器的常开触点闭合，常闭触点断开。计数器动作后，即使计数输入仍在继续，但计数器已不再计数，保持在设定值上直到用 RST 指令复位清零。即使计数器的线圈失电，计数器的当前值也不清零。只有使用复位指令 RST 对计数器线圈的当前值清零，才能使其常开触点断开，常闭触点闭合。16 位加计数器的工作过程如图 4-4 所示。

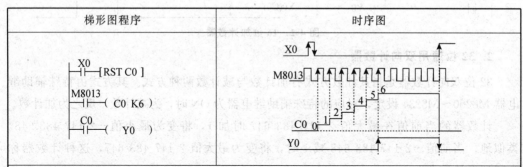

梯形图程序	时序图

计数器动作说明：

当 X0＝ON 时，计数器 C0 复位，其当前值清零。

当 X0＝OFF 时，计数器 C0 在 M8013 时钟脉冲作用下开始计数，当计数器累加到 6 的瞬间，C0 常开触点动作闭合，接通 Y0 线圈。直到 X0 再次闭合 ON 上升沿时，执行 C0 复位清零后，Y0 线圈失电。

图 4-4　计数器的工作过程

三、任务实施

按第一下控制按钮 SB1，绿灯亮；按第二下，绿灯和黄灯两个灯亮；按第三下，绿灯、黄灯和红灯三个灯全亮；按第四下，三个灯全灭；按第五下，绿灯亮……依次循环。

1. 编程思路

设"C1 K1""C2 K2""C3 K3"和"C4 K4"四个计数器，分别统计控制按钮的闭合次数，由 C1 常开触点控制绿灯，C2 常开触点控制黄灯，C3 常开触点控制红灯，C4 常开触点控制 "ZRST C1 C4" 指令，使 C1～C4 释放复位。

2. I/O 分配表

表 4-2 单键控三灯 PLC 控制 I/O 分配表

输入端（I）		输出端（O）	
外接元件	输入继电器地址	外接元件	输入继电器地址
常开按钮 SB1	X0	绿灯	Y0
		黄灯	Y1
		红灯	Y2

3. PLC 接线图

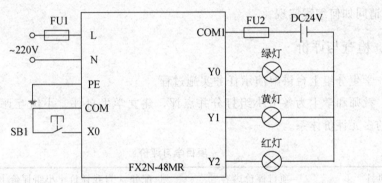

图 4-5 单键控三灯 PLC 控制接线图

4. 计数器应用的梯形图

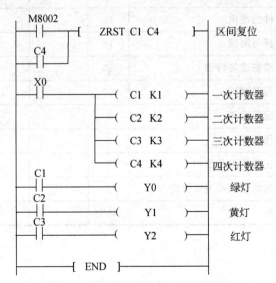

图 4-6 单键控三灯 PLC 控制梯形图

5. 指令程序

LD M8002	LD C1
OR C4	OUT Y0
ZRST C1 C4	LD C2
LD X0	OUT Y1
OUT C1 K1	LD C3
OUT C2 K2	OUT Y2
OUT C3 K3	END
OUT C4 K4	

四、巩固拓展

在前面"单键控三灯"任务要求的基础上，要求红、黄、绿每个灯都闪亮（一亮一灭）。请问如何编程实现？

五、检查与评价

（1）学生分组上台讲解演示任务实施过程。

（2）教师和学生为各个小组打分并点评，建立学生自评、小组互评和教师评价三位一体的多元评价体系。

项目学习评价

评价项目	项目评价内容	配分	自我评价	小组评价	教师评价	得分
理论知识 （20分）	计数器的相关知识	10				
	用 PLC 实现单键控三灯	10				
实际操作技能 （60分）	工具软件的使用	10				
	模块选择与测试	10				
	硬件电路搭建与检测	20				
	程序编写及调试	20				
学习态度 （10分）	出勤情况及纪律	5				
	团队协作精神	5				
安全文明生产 （10分）	工具的正确使用及维护	5				
	实训场地的整理和卫生保持	5				
	综合评价	100				

个人学习总结

成功之处	
不足之处	
如何改进	

任务二　计数器的应用

一、自主学习

(1) 查阅资料了解定时器和计数器的相同点和不同点。

(2) 通过 QQ、微信、论坛等工具进行讨论学习、合作探究。

二、计划与决策

(1) 计数器和定时器的相同点和不同点。

(2) 计数器的典型应用。

知识 1　计数器和定时器的相同点和不同点

16 位加计数器与定时器在运用上的比较：16 位加计数器与定时器都是一种累加型的元件，计数器是对动作次数作累加，而定时器是对时间作累加。

相同点：都由线圈与对应线圈的无数对常开、常闭触点组成；都是需要有设定值的元件；触点动作条件都是需要对线圈进行驱动并保持。

不同点：

(1) 定时器的动作时间是达到设定值后，而计数器的动作时间是在达到设定值的瞬间。如图 4-7 所示。

(2) 对已经动作的计数器触点，即使计数器的驱动电路已断开，计数器触点仍会保持动作的状态，要用复位指令才能使计数器触点复位。而对已经动作的定时器触点，当定时器驱动电路断开，定时器触点就会立刻复位。

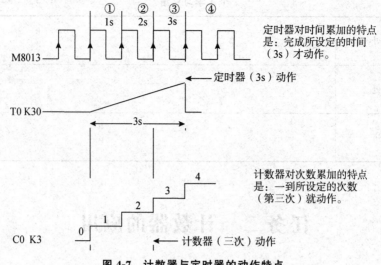

图 4-7　计数器与定时器的动作特点

知识 2　计数器的典型应用

1. 用计数器与时钟脉冲发生器配合作时间控制

用计数器与 M8011 等时钟脉冲发生器配合，可制作以"毫秒"为单位的定时器，在程序中作时间控制。如图 4-8 所示，M8011 产生 10 ms 的时钟脉冲，计数器 C0 设定值为 1001，即对时钟脉冲作 1000 次累计，所以 C0 触点在 1000×10 ms＝10 s 后动作，即可认为 C0 为 10 s 定时器。

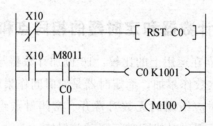

图 4-8　计数器与时钟脉冲发生器配合作时间控制

2. 用计数器与定时器配合作长延时控制

PLC 的定时器最长控制时间为 3 276.7 s，接近 1 h，若设备需要延时 1 h 启动，可用计数器与定时器配合制作一个 1 h 的定时器。如图 4-7 所示。用定时器制作一个 1800 s 的脉冲发生器，再用计数器对定时器触点产生的脉冲计数两次，这样计数器 C10 的常丌触点就具有 1 h 的延时闭合作用。

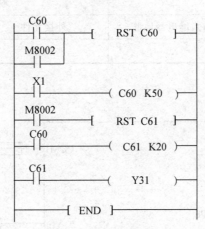

图 4-9　用计数器与定时器配合作长延时控制

3. 计数器级联程序

计数器计数值范围的扩展，可以通过多个计数器级联组合的方法来实现。图 4-10 为两个计数器级联组合扩展的程序。X1 每通/断一次，C60 计数一次，当 X1 通/断 50 次时，C60 的常开触点接通，C61 计数一次，与此同时 C60 另一对常开触点使 C60 复位，重新从零开始对 X1 的通/断进行计数，每当 C60 计数 50 次时，C61 计数一次，当 C61 计数到 20 次时，X1 总计通/断 $50 \times 20 = 1000$ 次，C61 常开触点闭合，Y31 接通。可见本程序计数值为两个计数器计数值的乘积。

图 4-10　计数器级联程序

三、任务实施

当今世界，彩灯已经成为我们生活的一部分。它不仅能给我们带来视觉上的享受，还能美化我们的环境。街角巷里、高楼大厦无处不是因为它的炫彩夺目以及控制简单等特点而得到了广泛的应用，用 LED 彩灯来装饰街道和城市建筑已经成为一种潮流。节日彩灯如图 4-11 所示。

图 4-11 节日彩灯

1. 编程思路

按下常开按钮 SB1，红灯以 0.1 s 一次的频率闪烁，闪烁五次后转为以 1 s 一次的频率闪烁，闪烁十次后自动熄灭。

2. I/O 分配表

表 4-3 节日彩灯 PLC 控制 I/O 分配表

输入端（I）		输出端（O）	
外接元件	输入继电器地址	外接元件	输入继电器地址
常开按钮 SB1	X0	红灯	Y0

3. PLC 接线图

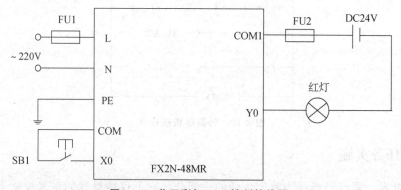

图 4-12 节日彩灯 PLC 控制接线图

4. 梯形图

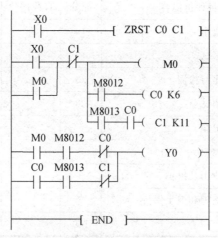

图 4-13　节日彩灯 PLC 控制梯形图

5. 指令语句表

LD M8002	LD C1
OR C4	OUT Y0
ZRST C1 C4	LD C2
LD X0	OUT Y1
OUT C1 K1	LD C3
OUT C2 K2	OUT Y2
OUT C3 K3	END
OUT C4 K4	

四、巩固拓展

在上面任务要求的基础上，增加绿灯和黄灯两个输出。红灯熄灭后，绿灯和黄灯轮流按照红灯的模式工作。如何用 PLC 实现？

五、检查与评价

（1）学生分组上台讲解演示任务实施过程。

（2）教师和学生为各个小组打分并点评，建立学生自评、小组评价和教师评价三位一体的多元评价体系。

项目学习评价

评价项目	项目评价内容	配分	自我评价	小组评价	教师评价	得分
理论知识 （20分）	计数器的应用	10				
	用 PLC 实现对节日彩灯的控制	10				

评价项目	项目评价内容	配分	自我评价	小组评价	教师评价	得分
实际操作技能 （60分）	工具软件的使用	10				
	模块选择与测试	10				
	硬件电路搭建与检测	20				
	程序编写及调试	20				
学习态度 （10分）	出勤情况及纪律	5				
	团队协作精神	5				
安全文明生产 （10分）	工具的正确使用及维护	5				
	实训场地的整理和卫生保持	5				
	综合评价	100				

个人学习总结

成功之处	
不足之处	
如何改进	

任务三　边沿触点的应用

一、自主学习

（1）查阅资料了解边沿触点的使用场合以及使用方法。

（2）通过 QQ、微信、论坛等工具进行讨论学习、合作探究。

二、计划与决策

（1）认识边沿触点。

（2）SET、RST 和 ZRST 指令的应用。

知识 1　认识边沿触点

PLC 软元件的常开和常闭触点，其动作方式和硬件继电器相同，可将它们称作常规触点，它们反映了一个动作的持续过程。而边沿触点则反映一个动作的开始和结束，PLC 软元件具有这种特殊触点。

边沿触点在继电器吸合或者释放瞬间有效，也称为脉冲触点。边沿触点只有常开，没有常闭。常规触点的有效时段与边沿触点的有效瞬间如图 4-14 所示。

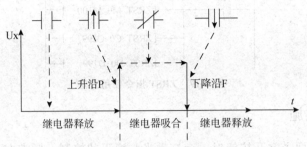

图 4-14　常规触点与边沿触点的不同

边沿触点图形符号如图 4-15 所示。

（a）上升沿触点　　　　　　**（b）下降沿触点**

图 4-15　边沿触点图形符号

在三个常开触点连接指令 LD、AND 和 OR 后加 "P（Pulse）" 即为上升沿触点指令；后加 "F（Fall）" 即为下降沿触点指令。

知识 2　SET、RST 和 ZRST 指令的应用

置位指令：SET；复位指令：RST。

元件被 "SET" 置位后会一直保持自锁状态，一定要用复位指令才能使元件返回初始状态。置位指令和复位指令的运用如图 4-16 所示。

当X0=ON时,Y0=ON	当X0=OFF时,Y0=ON	当X1=ON时,Y0=OFF
X0=ON ⊢⊢　[SET Y0]	X0=OFF ⊢⊢　SET Y0	X1=ON ⊢⊢　[RST Y0]
⇓	⇓	⇓
Y0　⊗ HL	Y0　⊗ HL	Y0　⊗ HL
当X0一旦接通，Y0置位，灯亮	即使X0断开，Y0保持自锁状态，灯亮	只有复位指令，才能将已置位的Y0恢复初始状态，灯灭

图 4-16　置位指令和复位指令的运用

区间复位指令：ZRST。

区间复位指令 ZRST 的功能是将某一区间的值全部复位，其使用方法如图 4-17 所示。在图 4-17 中，ZRST 指令将【D1.】到【D2.】间的所有元件全部复位。程序中表示当 X0=ON 时，将 M0～M100 全部置零；C0～C199 的当前值和状态值全部清零；D0～D199 的内容全部清零。

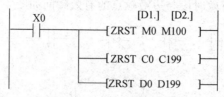

图 4-17 ZRST 指令使用方法

三、任务实施

用 PLC 实现两个常开按钮对一个灯发光与熄灭的控制。要求在 SB1 从 OFF→ON 瞬间，灯发光并保持；在 SB2 从 ON→OFF 瞬间，灯立刻熄灭。

1. 编程思路

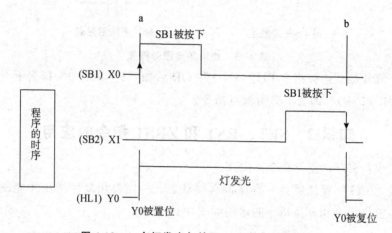

图 4-18 一个灯发光与熄灭 PLC 控制编程思路

2. I/O 分配表

表 4-4 一个灯发光与熄灭 PLC 控制 I/O 分配表

输入端（I）		输出端（O）	
外接元件	输入继电器地址	外接元件	输入继电器地址
常开按钮 SB1	X0	红灯	Y0
常开按钮 SB2	X1		

3. PLC 接线图

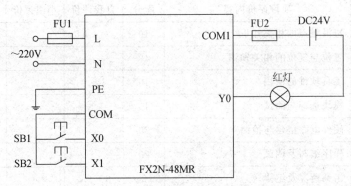

图 4-19 一个灯发光与熄灭 PLC 控制接线图

4. 梯形图

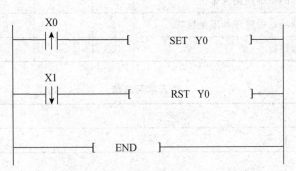

图 4-20 一个灯发光与熄灭 PLC 控制梯形图

5. 指令语句表

LDP　X0

SET　Y0

LDF　X1

RST　Y0

END

四、巩固拓展

用 PLC 实现一个常开按钮对一个灯发光与熄灭的控制。要求在 SB1 从 OFF→ON 瞬间，灯发光并保持；在 SB1 从 ON→OFF 瞬间，灯立刻熄灭。

五、检查与评价

（1）学生分组上台讲解演示任务实施过程。

（2）教师和学生为各个小组打分并点评，建立学生自评、小组互评和教师评价三位一体的多元评价体系。

项目学习评价

评价项目	项目评价内容	配分	自我评价	小组评价	教师评价	得分
理论知识 (20分)	边沿触点的相关知识	10				
	置位与复位的相关知识	10				
实际操作技能 (60分)	工具软件的使用	10				
	模块选择与测试	10				
	硬件电路搭建与检测	20				
	程序编写及调试	20				
学习态度 (10分)	出勤情况及纪律	5				
	团队协作精神	5				
安全文明生产 (10分)	工具的正确使用及维护	5				
	实训场地的整理和卫生保持	5				
	综合评价	100				

个人学习总结

成功之处	
不足之处	
如何改进	

任务四　电动机正反转自动控制

一、自主学习

(1) 自主学习微课视频，了解电动机正反转自动控制的工作原理和工作过程。

(2) 通过 QQ、微信、论坛等工具进行讨论学习、合作探究。

二、计划与决策

(1) 电动机正反转自动控制的工作原理。

(2) 电动机正反转自动控制的工作过程。

知识 1　电动机正反转自动控制的工作原理

电动机正反转的自动控制应用很广泛，不仅应用于工程施工，而且大部分应用于车床上的二次线路。如工地上的搅拌机、卷扬机、钢筋套丝机、钢筋折弯机、塔吊、升降操作平台等等。如图 4-21 所示。

图 4-21　电动机正反转的应用场合

　　生产设备常常要求具有上下、左右、前后等正反方向的运动，这就要求电动机能正反向工作。对于三相交流异步电动机来说，一般借助接触器改变定子绕组的相序来实现。常规电力拖动控制线路如下图 4-22 所示。

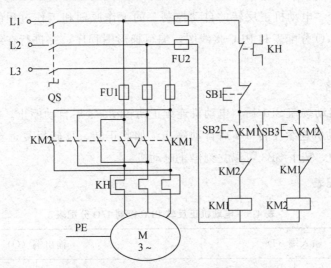

图 4-22　电动机正反转的电力拖动线路图

　　在该控制线路中，KM1 为正转交流接触器，KM2 为反转交流接触器，SB1 为停止按钮，SB2 为正转启动按钮，SB3 为反转启动按钮，KM1、KM2 为常开触点自锁，KM1、KM2 为常闭触点相互联锁。当按下 SB2 正转启动按钮时，KM1 得电，电机正转；KM1 的常闭触点断开反转控制回路，此时当按下反转启动按钮，电机运行方式不变；若要电机反转，必须按下 SB1 停止按钮，正转交流接触器失电，电机停止，然后再按下反转启动按钮，电机反转。若要电机正转，也必须先停下来，再来改变运行方式。这样的控制线路的好处在于避免误操作等引起的电源短路故障。

知识 2　电动机正反转的自动控制的工作过程

正向启动过程：按下正转启动按钮 SB2，接触器 KM1 线圈通电，与 SB2 并联的 KM1 辅助常开触点闭合实现 KM1 自锁，以保证 KM1 线圈持续通电，串联在主电路中的 KM1 的主触点持续闭合，电动机连续正向运转。

反向启动过程：按下反转启动按钮 SB3，接触器 KM2 线圈通电，与 SB3 并联的 KM2 辅助常开触点闭合实现 KM2 自锁，以保证 KM2 线圈持续通电，串联在主电路中的 KM2 的主触点持续闭合，电动机连续反向运转。

停止过程：按下停止按钮 SB1，接触器 KM1（或 KM2）线圈断电，KM1（或 KM2）的自锁触点断开，以保证 KM1（或 KM2）线圈持续失电，串联在主电路中的 KM1（或 KM2）的主触点断开，切断电动机的定子电源，电动机停转。

此电路只有接触器联锁，故不能直接正反转切换，必须停止后才能启动反转。

三、任务实施

通过对这个"电动机正反转的自动控制"的工作原理和工作过程的分析，拟定编程思路，画出 I/O 分配表和 PLC 接线图，编写梯形图程序，并进行在线仿真、调试及运行。

1. 编程思路

按下正转启动按钮 SB1 后，电动机连续正向转动 5 s 后自动停止。按下反转启动按钮 SB2 后，电动机连续反转 5 s 后自动停止。如此正转、反转反复运行三次后自动停机。在此过程中，按下 SB3 可以立刻停止电动机。

2. I/O 分配表

表 4-5　电动机正反转 PLC 控制 I/O 分配表

输入端（I）		输出端（O）	
外接元件	输入继电器地址	外接元件	输入继电器地址
正转启动按钮 SB1	X0	交流接触器 KM1	Y0
反转启动按钮 SB2	X1	交流接触器 KM2	Y1
停止按钮 SB3	X2		

3. 电动机正反转 PLC 接线图

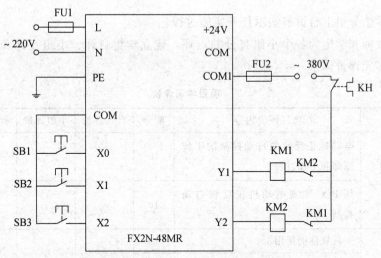

图 4-23 电动机正反转 PLC 控制接线图

4. 电动机正反转梯形图

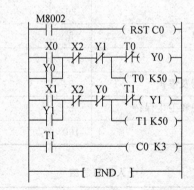

图 4-24 电动机正反转 PLC 控制梯形图

5. 指令语句表

LDP	X0
SET	Y0
LDF	X1
RST	Y0
END	

四、巩固拓展

在自动化设备中，经常会用指示灯对设备的准备状态、运行状态、故障时的状态做出提示或警示。有时候为了节省设备，只用一个指示灯以发光或不同的闪烁形式做出多种提示。请利用 PLC 实现用一个指示灯作设备的待机指示、运行指示与过载警示。

五、检查与评价

（1）学生分组上台讲解演示任务实施过程。

（2）教师和学生为各个小组打分并点评，建立学生自评、小组互评和教师评价三位一体的多元评价体系。

项目学习评价

评价项目	项目评价内容	配分	自我评价	小组评价	教师评价	得分
理论知识 （20分）	电动机正反转的自动控制的工作原理和工作过程	10				
	用 PLC 实现电动机正反转自动控制	10				
实际操作技能 （60分）	工具软件的使用	10				
	模块选择与测试	10				
	硬件电路搭建与检测	20				
	程序编写及调试	20				
学习态度 （10分）	出勤情况及纪律	5				
	团队协作精神	5				
安全文明生产 （10分）	工具的正确使用及维护	5				
	实训场地的整理和卫生保持	5				
	综合评价	100				

个人学习总结

成功之处	
不足之处	
如何改进	

项目五 多种液体自动混合

1. 掌握步进控制程序的状态转移图和步进梯形图。
2. 掌握状态继电器"S"和步进编程的基本指令。

教学难点 | JIAOXUE ZHONGDIAN

1. 运用编程的步骤及编程方法。
2. 运用步进控制的运行模式以及状态的重复转移与挑战的实现方法。
3. 初步学会用步进控制程序解决顺序控制的问题。

学习过程 | XUEXI GUOCHENG

学习过程	教学手段及方式
自主学习	1. 自主学习微课视频，了解步进控制的相关知识
	2. 通过 QQ、微信、论坛等工具进行讨论学习、合作探究
计划与决策	1. 了解步进控制的相关概念
	2. 了解步进控制的运行模式
项目实施	1. 利用步进控制实现多种液体自动混合的 PLC 控制
	2. 学会用步进控制程序解决顺序控制的问题
检查与评价	建立学生自评、小组互评和教师评价三位一体的多元评价体系
巩固拓展	完成课后实训作业

任务一 步进控制相关概念

一、自主学习

（1）自主学习微课视频，了解步进控制相关概念。

（2）通过网络查找资料了解步进控制在 PLC 应用中的重要作用。

（3）通过 QQ、微信、论坛等工具进行讨论学习、合作探究。

二、计划与决策

（1）步进控制程序的特点。

（2）步进控制程序的状态转移图。

（3）状态继电器"S"和步进控制指令。

（4）步进梯形图和指令程序。

知识 1　步进控制程序的特点

经过前面项目的学习，可以用输入继电器（X）、输出继电器（Y）、辅助继电器（M）、定时器（T）和计数器（C），以及基本编程指令写出许多 PLC 控制程序。同时我们也发现，用基本指令编程，前后相互牵连、相互制约，编程时要注意前后逻辑关系，并且几经反复和调试，耗费时间和精力较多，编程难度较大。那么有没有办法把复杂的问题交给 PLC 来做，让我们从耗费精力的思考中解脱出来呢？应用步进控制编程能很好地解决这个问题。

步进控制编程的基本思路是：把复杂的控制过程分解成相对独立的多个工作步骤，简称工序（或状态），对每个工序步编制一段小程序，每个工序的小程序由一个特殊的常开触点——步进触点来控制，多段小程序有机结合，完成整个控制过程。这种分步骤、逐步进行控制的编程方法称为步进控制程序，简称步进编程。步进控制程序主要由状态转移图与步进梯形图组成。

步进控制程序具有以下特点：

（1）每个工序（或状态）都应分配一个控制元件，确保顺序控制进行。

（2）每个工序（或状态）都具有驱动能力，能使该工序的输出驱动执行机构动作。

（3）每个工序（或状态）在转移条件满足时，都会转移到下一个工序，原来的工序自动复位。

知识 2　步进控制程序的状态转移图

步进控制程序的一个工作步骤称做一个工序（或状态），用状态转移图（SFC）表示，如图 5-1 所示。状态转移图的基本结构是由初始状态、普通状态、状态转移条件、动作组成。初始状态可视为设备的待机状态。普通状态为设备的运行工序，按顺序控制过程由上往下执行。状态转移条件是设备运行时，当某一工序执行完成后，从该工序向下一工序转移的条件。动作是指该工序完成输出执行机构动作。

状态转移图的工作步骤如下。

（1）要执行状态转移图，首先要激活初始状态 S0。在一般情况下，状态转移图都会用特殊辅助继电器 M8002 在 PLC 送电时产生的初始脉冲来激活 S0，如图 5-1 所示。

（2）状态转移图中每个普通状态执行时，与上一状态是不接通的。当上一个状态输出执行机构动作执行完毕后，若满足转移条件，就转移到下一状态执行，而上一状态就会停止输出执行机构动作执行，从而保证了执行过程按工序的顺序进行控制。

图 5-1 所示的"状态转移图（SFC）"是将工序执行内容与工序转移要求以输出执行机构动作执行和状态转移的形式反映在步进控制程序中，控制过程明确，在对顺序控制进行程序设计时，按照控制任务要求首先编写状态转移图，作为初步程序设计。

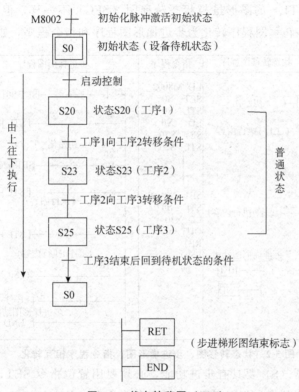

图 5-1 状态转移图（SFC）

知识 3 状态继电器"S"和步进控制指令

状态继电器"S"是步进控制程序的重要软元件。状态继电器"S"也有多种功能，最常用的一般状态继电器的编号是 S0～S499 共 500 个，其中 S0～S9（10 个）只能用于初始状态，S10～S19，多运行模式控制中用作原点返回状态，普通状态一般用 S20～S499。S500～S899，具有停电保持作用，S900～S999，具有报警元件作用。

步进控制指令见表 5-1。

表 5-1 步进控制指令

分类	指令	指令用途
步进开始	STL	表示步进控制开始，驱动步进控制程序中每一个状态的执行

分类	指令	指令用途
步进结束	RET	退出步进运行程序，返回主程序

知识 4　步进梯形图和步进控制指令程序

步进梯形图（STL）的图形虽与状态转移图（SFC）不一样，但控制过程是相同的。把图 5-1 的状态转移图程序转化为步进梯形图程序和指令程序，如图 5-2 所示。

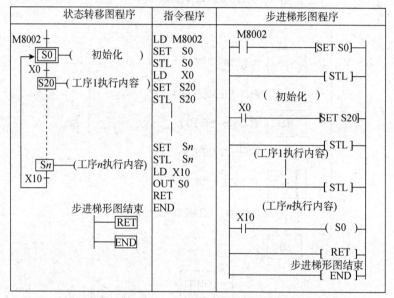

图 5-2　状态转移图、步进梯形图、指令程序相互转化

（1）状态继电器（S）要具有步进功能，必须要用置位指令 SET，才能提供步进。步进程序中的每一个状态，都需要用"STL"指令去驱动状态的执行，每个"STL"指令都会与"SET"指令共同使用，即每个状态都需要先用"SET"指令置位，再用"STL"指令驱动。如图 5-2 所示的指令程序中的"SET S20""STL S20"。

（2）状态转移条件应视为接在左母线的触点，与上一状态连接的触点应使用"LD""LDI"指令，也允许指令的串联和并联，如表 5-2 所示。

表 5-2　状态转移条件的指令运用

状态转移图	转移条件指令	状态转移图	转移条件指令
S20 X0 S21	LD　X0 SET　S21	S20 X1 X0 S21	LDI　X1 AND　X0 SET　S21

（续表）

状态转移图	转移条件指令	状态转移图	转移条件指令
S20 X0 X1 S21	LD　X0 AND　X1 SET　S21	S20 X1 X0 S21	LD　X0 OR　X1 SET　S21
S20 X0 $\overline{X1}$ S21	LD　X0 ANI　X1 SET　S21	S20 $\overline{X1}$ X0 S21	LD　X0 ORI　X1 SET　S21

（3）图 5-1 中状态转移图的实心箭头表示步进程序最后一个状态的转移，一般都用 "OUT" 指令执行，如图 5-2 所示的指令程序中的 "OUT S0"。

（4）步进程序结束一定要使用指令 "RET"，返回主程序。如果不写入 "RET"，程序会提示出错。

（5）状态继电器状态输出执行机构动作执行时，步进开始指令 STL 驱动状态继电器往下执行，对于每个状态继电器的执行程序，视作从左母线开始。状态继电器执行程序指令表见下表 5-3。

表 5-3　状态继电器执行程序步进梯形图、指令表

状态转移图	步进梯形图	指令语句表
S20 —— Y0	[STL S20] (Y0)	STL　S20 OUT　Y0
S20 X1 —— Y0	[STL S20] X1 (Y0)	STL　S20 LD　X0 OUT　Y0
S20 X1 X2 —— Y0	[STL S20] X1 (Y0) X2	STL　S20 LD　X0 OR　X2 OUT　Y0

（续表）

状态转移图	步进梯形图	指令语句表
S20 —X1—X2— (Y0)	[STL S20] X1 X2 —(Y0)	STL S20 LD X0 AND X2 OUT Y0
S20 —X1—X2— (Y0)	[STL S20] X1 X2 —(Y0)	STL S20 LD X0 ANI X2 OUT Y0
S20 —— (Y0) —X1— (Y1)	[STL S20] (Y0) X1 (Y1)	STL S20 OUT Y0 LD X1 OUT Y1

三、任务实施

根据所学知识，把图 5-3 给出的状态转移图转化成图 5-4 所示的步进梯形图，再进一步转化成指令程序。

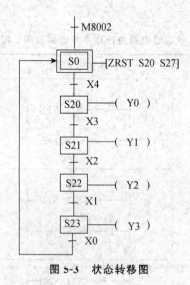

图 5-3 状态转移图

第一步：转化成步进梯形图。

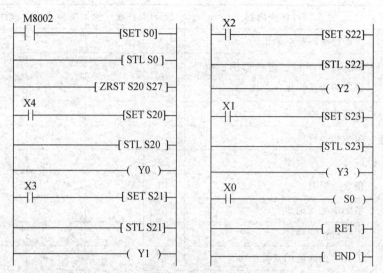

图 5-4　步进梯形图

第二步：转化成指令程序。

0	LD	M8002		19	LD	X002
1	SET	S0		20	SET	S22
3	STL	S0		22	STL	S22
4	ZRST	S20	S27	23	OUT	Y002
9	LD	X004		24	LD	X001
10	SET	S20		25	SET	S23
12	STL	S20		27	STL	S23
13	OUT	Y000		28	OUT	Y003
14	LD	X003		29	LD	X000
15	SET	S21		30	OUT	X0
17	STL	S21		32	RET	
18	OUT	Y001		33	END	

四、巩固拓展

按下常开按钮 SB1 后，机械手把纸箱搬上输送带，输送带正转；纸箱到达装箱处停止，装了 3 个苹果用了 3 秒，运到托盘。自动重复装箱输送。按下常开按钮 SB2 后，停止工作。根据上述任务要求，试着编写状态转移图程序。

五、检查与评价

（1）学生分组上台讲解演示任务实施过程。

（2）教师和学生为各个小组打分并点评，建立学生自评、小组互评和教师评价三位一体的多元评价体系。

项目学习评价

评价项目	项目评价内容	配分	自我评价	小组评价	教师评价	得分
理论知识 （20分）	步进控制的基本知识	10				
	状态转移图和步进梯形图、指令程序的相互转化	10				
实际操作技能 （60分）	编程软件的使用	20				
	编写状态转移图	10				
	编写步进梯形图	20				
	指令语句表	10				
学习态度 （10分）	出勤情况及纪律	5				
	团队协作精神	5				
安全文明生产 （10分）	工具的正确使用及维护	5				
	实训场地的 6S 管理	5				
	综合评价	100				

个人学习总结

成功之处	
不足之处	
如何改进	

任务二 编写步进控制程序

一、自主学习

（1）自主学习微课视频，了解状态转移图的相关概念。

（2）通过网络查找资料了解状态转移图在 PLC 应用中的重要作用。

（3）通过 QQ、微信、论坛等工具进行讨论学习、合作探究。

二、计划与决策

（1）编写步进控制程序的步骤。

（2）状态转移图的基本结构。

知识 1　编写步进控制程序的步骤

步进指令是顺序控制的一种编程方法，采用步进指令编程时，一般需要以下几个步骤。

（1）分配 PLC 的输入/输出点，列出输入/输出点分配表。

（2）画出 PLC 的接线图并接线。

（3）根据控制要求或加工工艺要求，画出顺序控制的状态转移图。

（4）根据状态转移图写出相应的步进梯形图。

（5）根据步进梯形图写出对应的指令表。

（6）输入程序（梯形图或指令表），程序调试。

知识 2　状态转移图的基本结构

编写步进控制程序，首先写出状态转移图。状态转移图的基本结构有单流程、选择性分支和并行分支三种。

1. 单流程

单流程是指状态转移只有一种顺序，每一个状态只有一个转移条件和转移目标。单流程状态转移图的编程应用示例如图 5-5 所示。

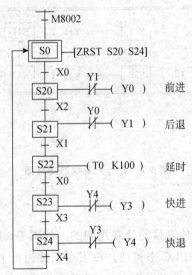

图 5-5　单流程状态转移图

2. 选择性分支

从多个分支流程顺序中根据条件选择执行其中一个分支执行，而其余分支的转移条件不能满足，即每次只满足一个分支转移条件的分支方式称为选择性分支。

选择性分支状态转移图的编程应用示例如图 5-6 所示。

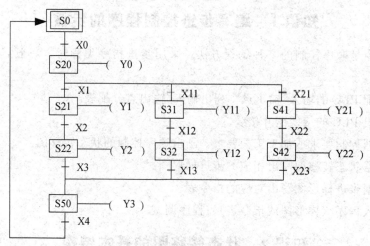

图 5-6　选择性分支状态转移图

3. 并行分支

当满足某个转移条件后使得多个分支流程顺序同时执行的分支称为并行分支。并行分支状态转移图的编程应用示例如图 5-7 所示。

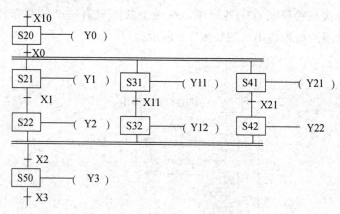

图 5-7　并行分支状态转移图

三、任务实施

在工厂自动化领域中，传送带是经常用到的。如图 5-8 所示为一个输送鸡蛋的传送带。传送带的控制可以利用 PLC 来实现。按下启动按钮，上段传送带工作，3 s 后，中段传送带工作，5 s 后下段传送带工作，2 s 后返回待机状态。

图 5-8　食物传送带

1. 编程思路

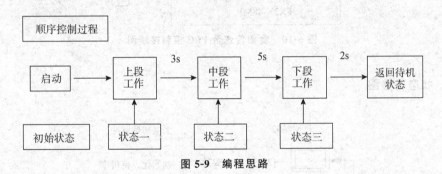

图 5-9　编程思路

2. I/O 分配表

表 5-4　食物传送带 PLC 控制 I/O 分配表

输入端（I）		输出端（O）	
外接元件	输入继电器地址	外接元件	输入继电器地址
常开按钮 SB1	X0	上段输送带	Y0
		中段输送带	Y1
		下段输送带	Y2

3. PLC 接线图

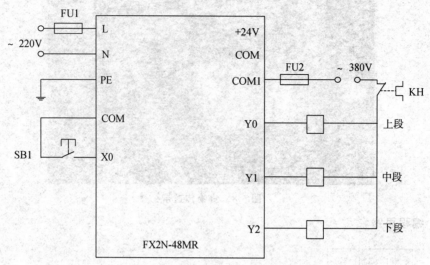

图 5-10　食物传送带 PLC 控制接线图

4. 状态转移图

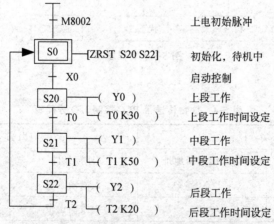

图 5-11　食物传送带 PLC 控制状态转移图

5. 步进梯形图（利用 GX-Developer 软件编写）

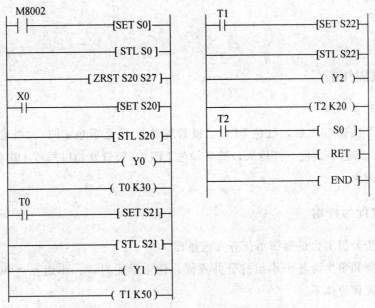

图 5-12　食物传送带 PLC 控制步进梯形图

6. 指令程序

```
LD    M8002
SET   S0
STL   S0
LD    X0
SET   S20              （状态一）
STL   S20
OUT   Y0
OUT   T0  K30         （上段输送带工作 3 s）
LD    T0
SET   S21             （状态二）
STL   S21
OUT   Y1
OUT   T1  K50         （中段输送带工作 5 s）
LD    T1
SET   S22             （状态三）
STL   S22
OUT   Y2
OUT   T2  K20         （下段输送带工作 2 s）
```

```
LD    T2
OUT   S0
RET
END
```

四、巩固拓展

任务进阶：

按下常开按钮 SB1 后，红色 LED 二极管发光，5 s 后黄色 LED 二极管发光；黄色发光 8 s 后，红色与黄色一齐熄灭，然后绿色 LED 二极管开始以每秒 1 次的频率闪烁，闪烁 9 次后熄灭。

五、检查与评价

（1）学生分组上台讲解演示任务实施过程。

（2）教师和学生为各个小组打分并点评，建立学生自评、小组互评和教师评价三位一体的多元评价体系。

项目学习评价

评价项目	项目评价内容	配分	自我评价	小组评价	教师评价	得分
理论知识 （20 分）	编写步进控制程序的步骤	10				
	状态转移图的基本结构	10				
实际操作技能 （60 分）	工具软件的使用	10				
	模块选择与测试	10				
	硬件电路搭建与检测	20				
	程序编写及调试	20				
学习态度 （10 分）	出勤情况及纪律	5				
	团队协作精神	5				
安全文明生产 （10 分）	工具的正确使用及维护	5				
	实训场地的 6S 管理	5				
	综合评价	100				

个人学习总结

成功之处	
不足之处	
如何改进	

任务三　步进控制程序的运行模式

一、自主学习

(1) 自主学习查阅资料了解步进控制的运行模式。

(2) 通过 QQ、微信、论坛等工具进行讨论学习、合作探究。

二、计划与决策

(1) 步进控制程序单周期运行与连续运行的控制。

(2) 特殊辅助继电器的用法。

知识 1　步进控制程序单周期运行与连续运行

步进控制程序的单周期运行是指程序的步进部分只运行一次就回到初始状态停止待机。步进程序的连续运行是指程序的步进部分可以重复地运行。单周期运行与连续运行都属于顺序控制设备自动运行模式的一种，也是生产设备调试运行的基本运行方式之一。

在步进控制程序中，实现单周期运行与连续运行的方法如图 5-13 所示。在步进控制程序执行后设置两个转移条件。一个是满足转移条件转移到初始状态 S0 停止待机，步进控制程序运行一次后就转移到初始状态 S0，实现单周期运行；另一个是满足转移条件转移到程序的第一个普通状态 S20，又从 S20 开始重复运行，实现连续运行。单周期运行与连续运行只能选择一种运方式，因此要注意两种运行方式转移条件的设置。

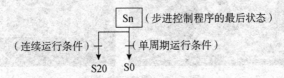

图 5-13　实现单周期运行与连续运行的方法

知识 2　特殊辅助继电器的用法

特殊辅助继电器具有特殊的功能，FX2N 系列 PLC 特殊辅助继电器范围是 M8000～M8255。每一个特殊辅助继电器都有特殊的使用功能，以下是 PLC 常用特殊辅助继电器的用法。

M8000：运行监控用（在 PLC 运行中接通）继电器，PLC 运行时，M8000 为 ON；PLC 停止时，M8000 为 OFF。M8001 与 M8000 逻辑相反。

M8002：初始化脉冲，仅在运行开始瞬间接通，M8003 与 M8002 逻辑相反。

M8011、M8012、M8013 和 M8014：分别是产生 10 ms、100 ms、1 s 和 1 min 时钟脉冲的特殊辅助继电器。

M8033：PLC 停止时输出保持特殊辅助继电器。当其线圈接通时，PLC 进入停止状态，并保持所有输出映像寄存器和数据寄存器内容。

M8034：禁止全部输出的特殊辅助继电器。当其线圈接通时，PLC 的输出全部禁止。

图 5-14 所示为 M8013 所产生的时钟脉冲。

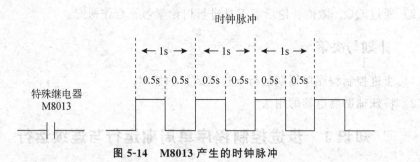

图 5-14　M8013 产生的时钟脉冲

三、任务实施

当我们夜晚走在大街上，马路两旁各色各样的霓虹灯广告随处可见。这些灯的亮灭、闪烁时间及流动方向等均可以通过 PLC 来达到控制要求。霓虹灯广告屏如图 5-15 所示。

图 5-15　霓虹灯广告屏

控制要求：某广告指示灯要求按下启动按钮 SB1 后，红灯发光，8 s 后黄灯发光；黄灯发光 6 s 后，红灯与黄灯一起灭，接着绿灯以每秒 1 次的频率闪烁，闪烁 10 次后熄灭。用开关 SA 控制单周期运行和连续运行。

1. 编程思路

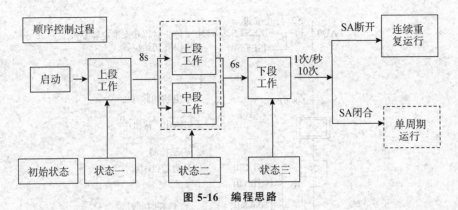

图 5-16　编程思路

2. I/O 分配表

表 5-5　霓虹灯广告屏 PLC 控制 I/O 分配表

输入端（I）		输出端（O）	
外接元件	输入继电器地址	外接元件	输入继电器地址
常开按钮 SB1	X1	红灯	Y0
常开按钮 SB2	X2	黄灯	Y1
单周期运行与连续运行控制开关 SA	X3	绿灯	Y2

3. PLC 接线图

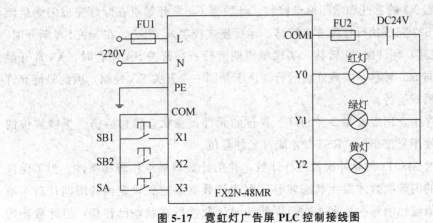

图 5-17　霓虹灯广告屏 PLC 控制接线图

103

4. 状态转移图

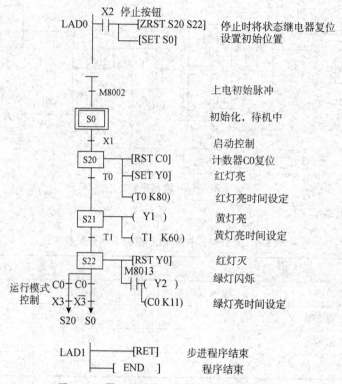

图 5-18　霓虹灯广告屏 PLC 控制状态转移图

　　单周期运行与连续运行的转移条件有两个，计数器 C0 常开触点和控制开关 SA 对应的输入继电器 X3 的常开和常闭触点控制。计数器 C0 常开触点在绿灯完成闪烁后闭合，保证状态 S22 完成执行任务才会转移。运行模式控制开关 SA，在开关 SA 断开时，X3 常闭触点接通，允许向 S0 转移，实现单周期运行；在开关 SA 闭合时，X3 常开触点接通，运行向 S20 转移，实现连续运行。由于是同一个开关 SA 控制，因此只能允许其中一种运行模式运行。

　　在步进程序中，用置位指令"SET"置位的元件，在状态转移后仍会保持置位的状态，必须要使用复位指令"RST"才能对元件复位。

　　用计数器对 M8013 的脉冲次数进行计数，并用计数器触点作转移条件。为了保证绿灯完成规定的闪烁次数才发生状态转移，因为计数器是达到设定值的瞬间计时，所以计数器设定值应比闪烁次数多 1 次。即使此时计数器所在状态已转移，但计数器的计数值还会继续保持，因此必须要在计数器使用后对其复位清零。计数器清零可以放在初始状态进行，也可以放在停止控制中进行。

5. 步进梯形图

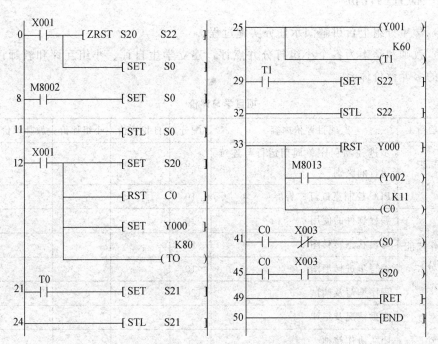

图 5-19　霓虹灯广告屏 PLC 控制梯形图

6. 指令程序

0	LD	X001	
1	ZRST	S20	S22
6	SET	S0	
8	LD	M8002	
9	SET	S0	
11	STL	S0	
12	LD	X001	
13	SET	S20	
15	RST	C0	
17	SET	Y000	
18	OUT	T0	K80
21	LD	T0	
22	SET	S21	
24	STL	S21	
25	OUT	Y001	
26	OUT	T1	K60

29	LD	T1	
30	SET	S22	
32	STL	S22	
33	RST	Y000	
34	MPS		
35	AND	M8013	
36	OUT	Y002	
37	MPP		
38	OUT	C0	K11
41	LD	C0	
42	ANI	X003	
43	OUT	S0	
45	LD	C0	
46	AND	X003	
47	OUT	S20	
49	RET		
50	END		

四、巩固拓展

（1）用两种不同的方式对上面任务中的计数器进行复位。

（2）查阅资料了解常用特殊辅助继电器的用法。

五、检查与评价

（1）学生分组上台讲解演示任务实施过程。

（2）教师和学生为各个小组打分并点评，建立学生自评、小组互评和教师评价三位一体的多元评价体系。

项目学习评价

评价项目	项目评价内容	配分	自我评价	小组评价	教师评价	得分
理论知识 （20分）	步进控制程序单周期运行与连续运行的区别	10				
	PLC 控制霓虹灯广告屏	10				
实际操作技能 （60分）	编程软件的使用	10				
	写出状态转移图	20				
	编写步进梯形图	10				
	程序编写及调试	20				
学习态度 （10分）	出勤情况及纪律	5				
	团队协作精神	5				
安全文明生产 （10分）	工具的正确使用及维护	5				
	实训场地的 6S 管理	5				
	综合评价	100				

个人学习总结

成功之处	
不足之处	
如何改进	

任务四　步进控制程序的重复转移与跳转

一、自主学习

（1）查阅资料了解步进控制程序如何实现重复转移和跳转。

（2）通过 QQ、微信、论坛等工具进行讨论学习、合作探究。

二、计划与决策

（1）步进控制程序的重复转移。

（2）步进控制程序的跳转。

知识1　步进控制程序的重复转移

步进控制程序一般是按顺序执行的，但可以通过流程转向使程序运行往上方或下方转移，往上方转移即可重复执行已运行完毕的状态，称为"状态的重复"。如图5-20所示。

知识2　步进控制程序的跳转

步进控制程序往下方转移则可以直接跳到相隔若干状态的下方来执行，称为"状态的跳转"，如图5-21所示。利用状态的重复转移与跳转功能，使程序编写更灵活多变，能实现更多的功能控制。

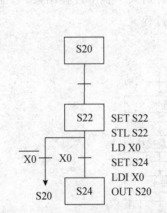

图 5-20　步进控制程序的重复转移

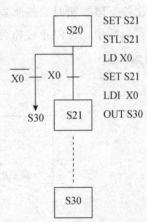

图 5-21　步进程序状态的转移

三、任务实施

洗衣机在家庭生活中扮演着越来越重要的角色，可以说，洗衣机已经成为日常生活的标配。洗衣机的种类也越来越多，功能越来越强大。常见的洗衣机类型如图5-22所示。利用PLC可以实现全自动洗衣机的控制。

图 5-22　波轮式洗衣机和滚筒式洗衣机

全自动洗衣机的进水和排水由进水电磁阀和排水电磁阀控制。进水时，洗衣机将水注入外桶；排水时水从外桶排出。洗涤和脱水由同一台电动机拖动，通过脱水电磁离合器来控制，将动力传递到洗涤波轮或内桶。脱水电磁离合器失电，电动机拖动洗涤波轮实现正、反转，开始洗涤；脱水电磁离合器得电，电动机拖动内桶单向高速旋转，进行脱水（此时波轮不转）。

全自动洗衣机控制要求。

（1）按启动按钮，首先进水电磁阀打开，进水指示灯亮。

（2）按上限按钮，进水指示灯灭，搅轮正反搅拌。

（3）等待 10 秒钟，排水灯亮。

（4）按下限按钮，排水灯灭，甩干桶灯亮 5 秒后进水灯亮。

（5）重复两次（1）～（4）的过程。

（6）第三次按下限按钮时，蜂鸣器灯亮 5 秒钟后灭。整个过程结束。

（7）在操作过程中，按停止按钮可结束动作过程。

1. 编程思路

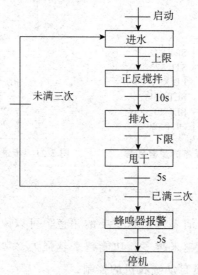

图 5-23　编程思路

2. I/O 分配表

表 5-6　洗衣机 PLC 控制 I/O 分配表

输入端（I）		输出端（O）	
外接元件	输入继电器地址	外接元件	输入继电器地址
启动按钮 SB1	X0	进水指示灯	Y0
停止按钮 SB2	X1	排水指示灯	Y1
上限水位传感器	X2	正搅拌指示灯	Y2
下限水位传感器	X3	反搅拌指示灯	Y3

（续表）

输入端（I）		输出端（O）	
外接元件	输入继电器地址	外接元件	输入继电器地址
		甩干桶指示灯	Y4
		蜂鸣器指示灯	Y5

3. PLC 接线图

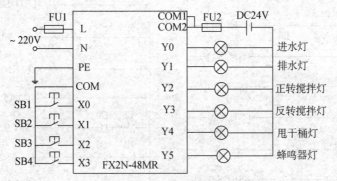

图 5-24 洗衣机 PLC 控制接线图

4. 状态转移图

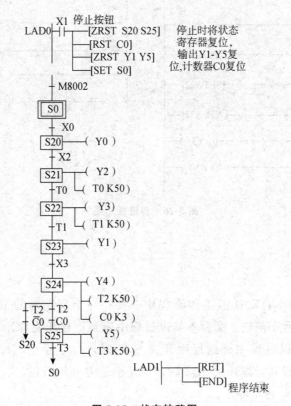

图 5-25 状态转移图

5. 步进梯形图

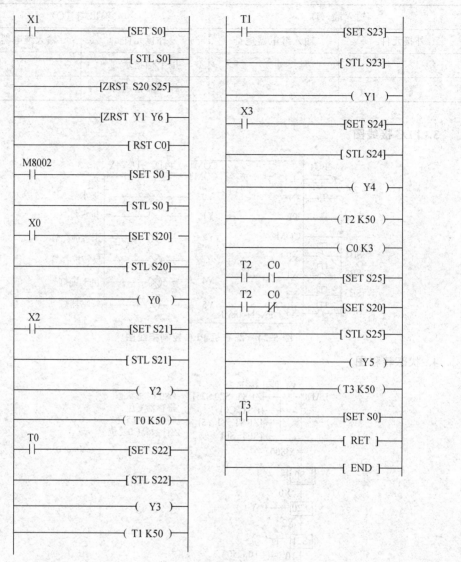

图 5-26　步进梯形图

6. 指令程序

四、巩固拓展

在图 5-27 某台车自动往返工作流程中，其在一个周期内的工艺控制要求如下：①按下启动按钮，台车前进。②台车前进过程中碰到行程开关 SQ2 时，停止前进并开始后退。③台车后退过程中碰到行程开关 SQ1 时，台车停止，10 s 后第二次前进。④台车前进过程中碰到行程开关 SQ3 时，停止前进并开始后退。⑤台车后退过程中碰到行程开关 SQ1 时，台车停止。

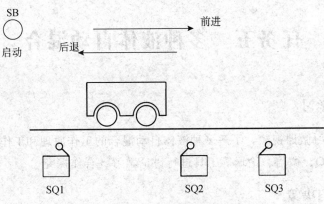

图 5-27　台车往返的行程示意图

五、检查与评价

（1）学生分组上台讲解演示任务实施过程。

（2）教师和学生为各个小组打分并点评，建立学生自评、小组互评和教师评价三位一体的多元评价体系。

项目学习评价

评价项目	项目评价内容	配分	自我评价	小组评价	教师评价	得分
理论知识 （20分）	步进控制程序重复转移和跳转的控制方法	10				
	PLC控制全自动洗衣机	10				
实际操作技能 （60分）	编程软件的使用	5				
	状态转移图	20				
	步进梯形图	15				
	程序编写及调试	20				
学习态度 （10分）	出勤情况及纪律	5				
	团队协作精神	5				
安全文明生产 （10分）	工具的正确使用及维护	5				
	实训场地的6S管理	5				
	综合评价	100				

个人学习总结

成功之处	
不足之处	
如何改进	

任务五 多种液体自动混合

一、自主学习

（1）自主学习微课视频，了解多种液体自动混合的工作原理和工作过程。

（2）通过 QQ、微信、论坛等工具进行讨论学习、合作探究。

二、计划与决策

（1）多种液体自动混合的工作原理。

（2）多种液体自动混合的工作过程。

知识 1 多种液体自动混合的工作原理

"多种液体自动混合"是食品工业应用较多的一种设备，其一般的工作流程是：先将不同成分的液体按配方要求加入容器罐中，然后工艺流程进行搅拌，待液体完全混合后，将其灌装到包装中。图 5-28 所示为多种液体自动混合实训模块示意图。

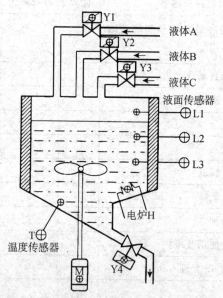

图 5-28 多种液体自动混合实训模块示意图

知识 2 多种液体自动混合的工作过程

1. 初始状态

容器是空的，各个阀门皆关闭，Y1、Y2、Y3、Y4 均为 OFF，传感器 L1、L2、

L3 均为 OFF，电动机 M 为 OFF，加热器 H 为 OFF。如图 5-28 所示。

2. 启动操作

按一下启动按钮，开始下列操作。

（1）Y1＝Y2＝ON，液体 A 和 B 同时注入容器，当液面达到 L2 时，L2＝ON，使 Y1＝Y2＝OFF，Y3＝ON，即关闭 Y1 和 Y2 阀门，打开液体 C 的阀门 Y3。

（2）当液面达到 L1 时，Y3＝OFF，M＝ON，即关闭掉阀门 Y3，电动机 M 启动开始搅拌。

（3）经 10 s 搅匀后，M＝OFF，停止搅动，H＝ON，加热器开始加热。

（4）当混合液温度达到某一指定值时，T＝ON，H＝OFF，停止加热，使电磁阀 Y4＝ON，开始放出混合液体。

（5）当液面下降到 L3 时，L3 从 ON 到 OFF，再经过 5s，容器放空，使 Y4＝OFF，开始下一周期。

3. 停止操作

按下停止键，在当前的混合操作处理完毕后，才停止操作（停在初始状态上）。

三、任务实施

通过对"多种液体自动混合"的工作原理和工作过程的分析，拟定编程思路，编写状态转移图、步进梯形图程序，并进行在线仿真、调试及运行。

1. 编程思路

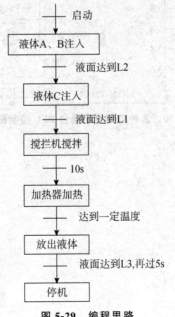

图 5-29　编程思路

2. I/O 分配表

表 5-7　多种液体自动混合 PLC 控制 I/O 分配表

输入端（I）		输出端（O）	
外接元件	输入继电器地址	外接元件	输入继电器地址
停止按钮 SB1	X1	液体 A 电磁阀	Y1
启动按钮 SB2	X2	液体 B 电磁阀	Y2
液位传感器 L1	X3	液体 C 电磁阀	Y3
液位传感器 L2	X4	出料电磁阀	Y4
液位传感器 L3	X5	电动机 M	Y5
温度传感器 T	X6	电炉	Y6

3. PLC 接线图

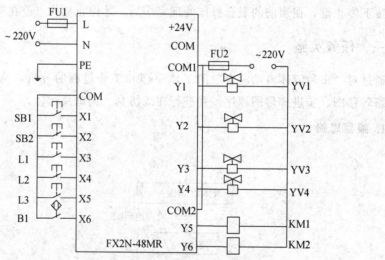

图 5-30　多种液体自动混合 PLC 控制接线图

4. 状态转移图

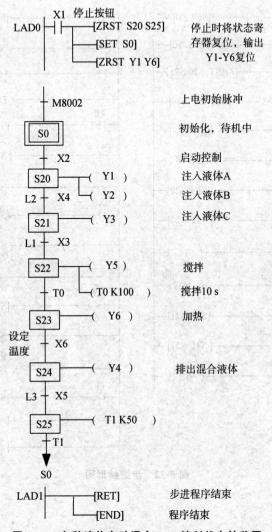

图 5-31　多种液体自动混合 PLC 控制状态转移图

5. 步进梯形图

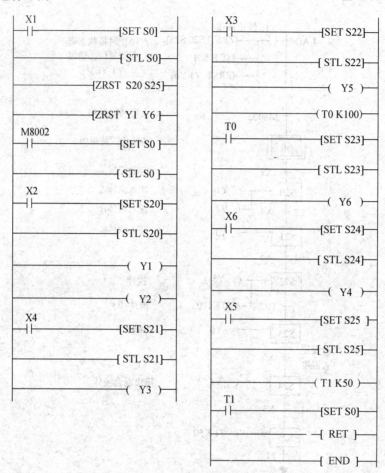

图 5-32 步进梯形图

6. 指令程序

四、巩固拓展

在前面"多种液体自动混合"任务要求的基础上，增加以下两个要求：①要求设备能单周期运行与连续运行。②要求设备有停电保持功能。如何实现？

五、检查与评价

（1）学生分组上台讲解演示任务实施过程。

（2）教师和学生为各个小组打分并点评，建立学生自评、小组互评和教师评价三位一体的多元评价体系。

项目学习评价

评价项目	项目评价内容	配分	自我评价	小组评价	教师评价	得分
理论知识 （20分）	多种液体自动混合的工作原理和工作过程	10				
	PLC 控制实现多种液体自动混合	10				
实际操作技能 （60分）	编程软件的使用	5				
	模块选择与测试	5				
	外围电路搭建与检测	25				
	程序编写及调试	25				
学习态度 （10分）	出勤情况及纪律	5				
	团队协作精神	5				
安全文明生产 （10分）	工具的正确使用及维护	5				
	实训场地的 6S 管理	5				
	综合评价	100				

个人学习总结

成功之处	
不足之处	
如何改进	

项目六 按钮式人行横道交通灯的控制

教学重点 | JIAOXUE ZHONGDIAN

1. 学习用选择性分支实现多路步进程序的选择控制。
2. 学习用并行性分支实现多路步进程序的并行控制。

教学难点 | JIAOXUE ZHONGDIAN

1. 选择性分支的状态转移图程序、步进梯形图程序与指令程序的编写。
2. 并行性分支的状态转移图程序、步进梯形图程序与指令程序的编写。
3. 初步学会用步进控制程序解决顺序控制的问题。

学习过程 | XUEXI GUOCHENG

学时分配	教学手段及方式
自主学习	1. 自主学习微课视频，了解选择性分支和并行性分支的控制方式 2. 通过 QQ、微信、论坛等工具进行讨论学习、合作探究
计划与决策	1. 学习用选择性分支实现多路步进程序的选择控制 2. 学习用并行性分支实现多路步进程序的并行控制
项目实施	1. 选择性分支的状态转移图程序、步进梯形图程序与指令程序的编写 2. 并行性分支的状态转移图程序、步进梯形图程序与指令程序的编写
检查与评价	建立学生自评、小组互评和教师评价三位一体的多元评价体系
巩固拓展	完成课后实训作业

任务一 选择性分支步进控制

一、自主学习

（1）自主学习微课视频，了解选择性步进控制的有关知识和使用方法。

（2）通过 QQ、微信、论坛等工具进行讨论学习、合作探究。

二、计划与决策

（1）选择性分支状态转移图的特点。

（2）选择性分支的适用范围。

（3）选择性分支梯形图程序与指令程序。

知识 1 选择性分支状态转移图的特点

从多个流程顺序中选择执行哪一个流程，称为选择性分支。图 6-1 就是一个选择性分支的状态转移图程序结构。

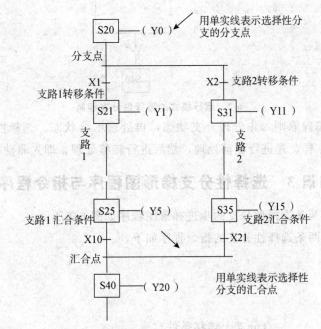

图 6-1 选择性分支的状态转移图程序结构

选择性分支程序的特点如下。

（1）在各条分支的上部有一个分支点，是主流程转入各个分支的起始点。而在各条分支的下部有一汇合点，是各条分支回到主流程的结束点。而分支与汇合，都有各自的转移条件作控制。

（2）各条分支不会同时执行，因为它们的转移条件不相同，只能选择其中一条分支执行，分支执行后再汇合到主流程上。

知识 2 选择性分支的适用性

选择性分支程序适用于多个工作模式运行的顺序控制，例如设备要求设置"正常运行"与"测试运行"模式，则可编写两条分支的程序，一条分支作正常运行的控制，另一条分支作测试运行的控制。运行模式的选择性分支控制如图 6-2 所示。

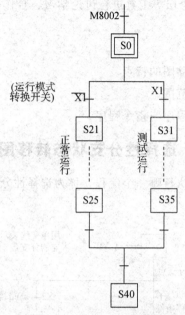

6-2　运行模式的选择性分支控制

选择性分支编程原则：先处理分支状态，再处理汇合状态。选择性分支的编程与一般状态的编程一样，先进行驱动处理，然后进行转移处理，即先驱动后转移。

知识 3　选择性分支梯形图程序与指令程序

对应图 6-1，两条选择性分支的步进梯形图程序如图 6-3 所示。

对应图 6-1，两条选择性分支的指令程序如下。

SET　S20

STL　S20

OUT　Y0

LD　X1　　　　　（分支 1 转移条件）

SET　S21　　　　（转移到分支 1 的第一个状态）

LD　X2　　　　　（分支 2 转移条件）

SET　S31　　　　（转移到分支 2 的第一个状态）

STL　S21　　　　（进入分支 1 运行）

OUT　Y1

SET　25

STL　25

OUT　Y5

LD　X10　　　　（分支 1 汇合的转移条件）

SET　S40　　　　（分支 1 向主流程转移）

```
STL   S31        （进入分支 2 运行）
OUT   Y11

SET   S35
STL   S35
OUT   Y15
LD    X21        （分支 2 汇合的转移条件）
SET   S40        （分支 2 向主流程转移）
STL   S40
OUT   Y20
```

```
                      ─[SET S20]─
                      ─[STL S20]─
                      ─( Y0 )─
        X1
        ─┤├─         ─[SET S21]─   （若满足X1转移条件，即转移到分支1状态S21）
        X2
        ─┤├─         ─[SET S31]─   （若满足X2转移条件，即转移到分支2状态S31）

                      ─[STL S21]─
                      ─( Y1 )─
                      ─[SET S25]─   （分支1运行）
                      ─[STL S25]─
                      ─( Y5 )─
        X10
        ─┤├─         ─[SET S40]─  （若满足X10转移条件，分支1汇合至主流程状态S40）

                      ─[STL S31]─
                      ─( Y11 )─
                      ─[SET S35]─   （分支2运行）
                      ─[STL S35]─
                      ─( Y15 )─
        X21
        ─┤├─         ─[SET S40]─   （若满足X11转移条件，分支2汇合至主流程状态S40）
                      ─[STL S40]─
                      ─( Y20 )─
```

图 6-3　两条选择性分支的步进梯形图

三、任务实施

分拣系统能够迅速准确地分拣物品，分拣差错率低，分拣能力强，现代大型分拣系统分拣口数目可达数百个。分拣大小球系统由大小球箱、操作杆、护架、吸盘等组成，可以通过 PLC 实现控制，大小球自动分拣装置如图 6-4 所示。

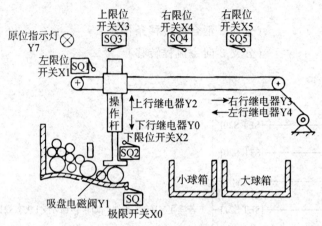

图 6-4　大小球自动分拣装置

1. 编程思路

当输送机处于起始位置时，上限位开关 SQ3 和左限位开关 SQ1 被压下，极限开关 SQ 断开。启动装置后，操作杆下行，一直到极限开关 SQ 闭合；机械臂下降（当磁铁压着的是大球时，机械臂未到达下限，限位开关 SQ2 不动作，而压着的是小球时，机械臂达到下限，SQ2 动作，这样可判断是大球还是小球）。然后机械臂将球吸住，机械臂上升，上升至 SQ3 动作，再右行到 SQ5（若是大球）或 SQ4（若是小球）动作，机械臂下降，下降至 SQ2 动作，将球释放，再上升至 SQ3 动作，然后左移至 SQ1 动作到原点。

2. I/O 分配表

表 6-1　大小球自动分拣装置 I/O 分配表

输入端（I）		输出端（O）	
外接元件	输入继电器地址	外接元件	输入继电器地址
限位开关 SQ	X0	下行继电器	Y0
左极限开关 SQ1	X1	吸盘电磁阀	Y1
下限位开关 SQ2	X2	上行继电器	Y2
上限位开关 SQ3	X3	右行继电器	Y3
右限位开关 SQ4	X4	左行继电器	Y4
右限位开关 SQ5	X5		

3. PLC 接线图

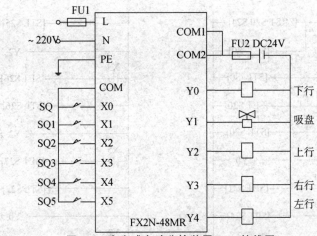

图 6-5 大小球自动分拣装置 PLC 接线图

4. 状态转移图

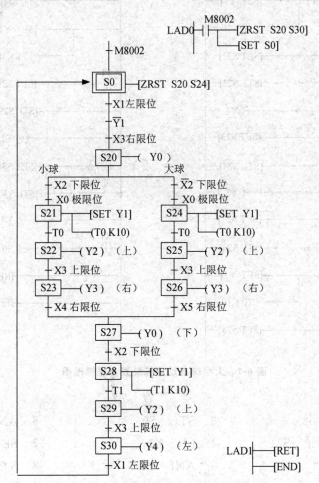

图 6-6 大小球自动分拣装置状态转移图

123

5. 步进梯形图（利用 GX-Developer 软件编写）

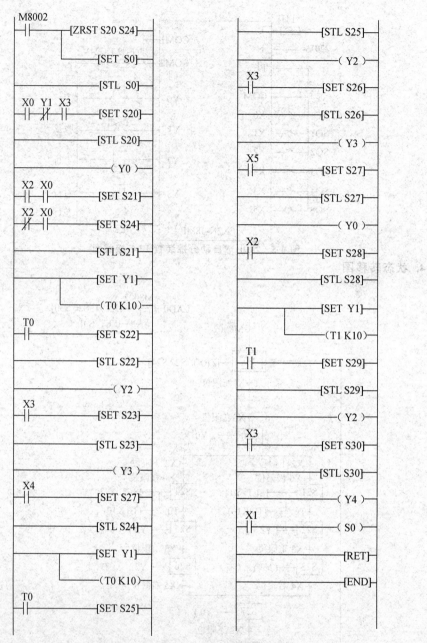

图 6-7　大小球自动分拣装置步进梯形图

6. 指令程序

0	LD M8002	3	STL S0	6	AND X3
1	ZRST S20 S24	4	LD X1	7	SET S20
2	SET S0	5	ANI Y1	8	STL S20

9　OUT　Y0	27　LD　X4	44　LD　X2
10　LD　X2	28　SET　S27	45　SET　S28
11　AND　X0	29　STL　S24	46　STL　S28
12　SET　S21	30　SET　Y1	47　SET　Y1
13　LDI　X2	31　OUT　T0　K10	48　OUT　T0　K10
14　AND　X0	32　LD　T0	49　LD　T1
15　SET　S24	33　SET　S25	50　SET　S29
16　STL　S21	34　STL　S25	51　STL　S29
17　SET　Y1	35　OUT　Y2	52　OUT　Y2
18　OUT　T0　K10	36　LD　X3	53　LD　X3
19　LD　T0	37　SET　S26	54　SET　S30
20　SET　S22	38　STL　S26	55　STL　S30
21　STL　S22	39　OUT　Y3	56　OUT　Y4
22　OUT　Y2	40　LD　X5	57　LD　X1
23　LD　X3	41　SET　S27	58　SET　S0
24　SET　S23	42　STL　S27	59　RET
25　STL　S23	43　OUT　Y0	60　END
26　OUT　Y3		

四、巩固拓展

按下启动按钮，彩灯 L1 点亮，1 s 后熄灭；接着 L2、L3、L4、L5 点亮，1 s 后熄灭；接着 L6、L7、L8、L9 点亮，1 s 后熄灭；接着 L1 亮……如此循环下去，直到按下停止按钮（SB2）才停止。

五、检查与评价

（1）学生分组上台讲解演示任务实施过程。

（2）教师和学生为各个小组打分并点评，建立学生自评、小组互评和教师评价三位一体的多元评价体系。

项目学习评价

评价项目	项目评价内容	配分	自我评价	小组评价	教师评价	得分
理论知识 （20分）	选择性分支的基本知识	10				
	用 PLC 实现大小球自动分拣的控制	10				

（续表）

评价项目	项目评价内容	配分	自我评价	小组评价	教师评价	得分
实际操作技能 （60 分）	工具软件的使用	10				
	模块选择与测试	10				
	硬件电路搭建与检测	20				
	程序编写及调试	20				
学习态度 （10 分）	出勤情况及纪律	5				
	团队协作精神	5				
安全文明生产 （10 分）	工具的正确使用及维护	5				
	实训场地的整理和卫生保持	5				
	综合评价	100				

个人学习总结

成功之处	
不足之处	
如何改进	

任务二　并行性分支步进控制

一、自主学习

（1）自主学习微课视频，了解并行性步进控制的有关知识和使用方法。

（2）通过 QQ、微信、论坛等工具进行讨论学习、合作探究。

二、计划与决策

（1）并行性分支状态转移图的特点。

（2）并行性分支的适用范围。

（3）并行性分支梯形图程序与指令程序。

知识 1　并行性分支状态转移图的特点

由两个及以上的分支程序组成而且必须同时执行各分支的程序，称为并行性分支。图 6-8 就是一个并行性分支的状态转移图程序结构。

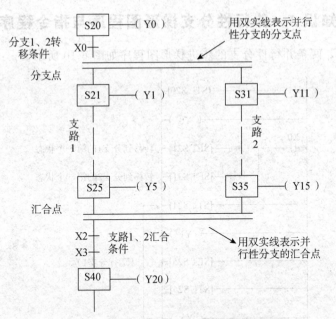

图 6-8　并行性分支的状态转移图程序结构

并行性分支程序的特点如下。

（1）在分支起始点，只要满足转移条件，则同时转入并列的所有分支执行。

（2）在分支汇合点，则要满足所有分支的全部汇合条件，分支才能汇合。

（3）在状态转移图中，选择性分支的起始点与汇合点用单实线表示，而并行性分支的起始点与汇合点用双实线表示。

知识 2　并行性分支编程

（1）并行性分支的汇合最多能实现八个分支的汇合。

（2）在并行性分支起始、汇合过程中，不允许有下图 6-9（a）的转移条件，而必须将其转化为图 6-9（b）后，再进行编程。

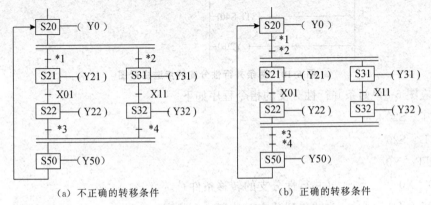

（a）不正确的转移条件　　　　　（b）正确的转移条件

图 6-9　并行性分支起始、汇合流程的转化

知识 3　并行性分支梯形图程序与指令程序

对应图 6-8，两条并行性分支的步进梯形图程序如图 6-10 所示。

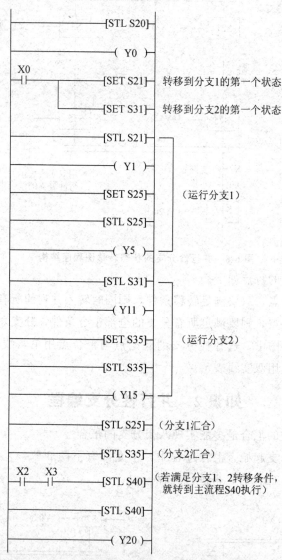

图 6-10　两条并行性分支的步进梯形图

对应图 6-8，两条并行性分支的指令程序如下。

```
SET   S20
STL   S20
OUT   Y0
LD    X0        （并行性分支的转移条件）
SET   S21       （转移到分支 1 的第一个状态）
SET   S31       （转移到分支 2 的第一个状态）
```

```
STL   S21        （进入分支1运行）
OUT   Y1
SET   25
STL   25
OUT   Y5
SET   S40        （分支1向主流程转移）
STL   S31        （进入分支2运行）
OUT   Y11


SET   S35
STL   S35
OUT   Y15
STL   S25        （分支1进入汇合点）
STL   S35        （分支2进入汇合点）
LD    X2         （分支1汇合条件）
AND   X3         （分支2汇合条件）
SET   S40        （进入分支汇合后的状态）
STL   S40
OUT   Y20
```

三、任务实施

"天塔之光"实训模块主要是用来装扮像天塔、高楼之类的建筑物的，夜间的天塔或高楼看起来非常阴暗，显得也很单调，加入"天塔之光"设计之后会让原本单调的建筑物变得活灵活现，而且看起来很绚丽，为城市的美化起到了很大的作用。图6-11是天塔之光的示意图。

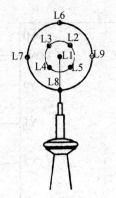

图6-11　天塔之光示意图

1. 编程思路

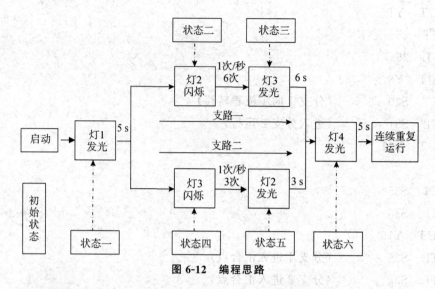

图 6-12 编程思路

2. I/O 分配表

表 6-2 天塔之光 PLC 控制 I/O 分配表

输入端（I）		输出端（O）	
外接元件	输入继电器地址	外接元件	输入继电器地址
启动按钮 SB1	X0	灯塔中心灯 L1	Y0
停止按钮 SB2	X1	灯塔中心灯 L2	Y1
运行模式选择 开关 SA1	X2	灯塔中心灯 L3	Y2
		灯塔中心灯 L4	Y3

3. PLC 接线图

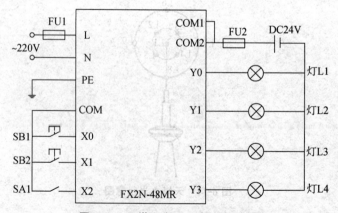

图 6-13 天塔之光 PLC 控制接线图

4. 状态转移图

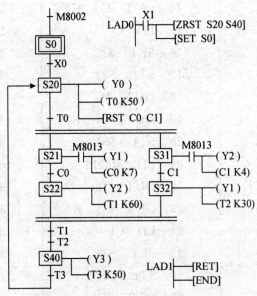

图 6-14　天塔之光 PLC 控制状态转移图

5. 步进梯形图（利用 GX-Developer 软件编写）

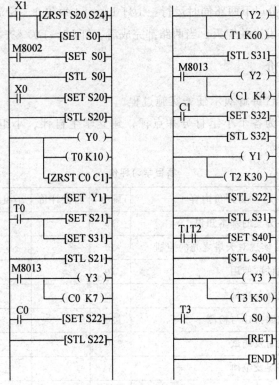

图 6-15　天塔之光步进梯形图

131

6. 指令程序

0 LD X1	14 OUT C0 K7	28 OUT T2 K30
1 ZRST S20 S40	15 LD C0	29 STL S22
2 SET S0	16 SET S22	30 STL S31
3 LD M8002	17 STL S22	31 LD T1
4 SET S20	18 OUT Y2	32 AND T2
5 STL S20	19 OUT T1 K60	33 SET S40
6 OUT Y0	20 STL S31	34 STL S40
7 OUT T0 K50	21 LD M8013	35 OUT Y3
8 ZRST C0 C1	22 OUT Y2	36 OUT T3 K50
9 LD T0	23 OUT C1 K4	37 LD T3
10 SET S21	24 LD C1	38 OUT S0
11 SET S31	25 SET S32	39 RET
12 LD M8013	26 STL S32	40 END
13 OUT Y1	27 OUT Y1	

四、巩固拓展

按下启动按钮，分以下两路同时运行：①灯 L1～L4 每隔 1 s 轮流发光并熄灭。②灯 L5～L9 每隔 1 s 轮流发光并熄灭。当两路都完成后，灯 L1～L9 一齐发光 3 s 后熄灭。

五、检查与评价

（1）学生分组上台讲解演示任务实施过程。

（2）教师和学生为各个小组打分并点评，建立学生自评、小组互评和教师评价三位一体的多元评价体系。

项目学习评价

评价项目	项目评价内容	配分	自我评价	小组评价	教师评价	得分
理论知识（20分）	并行性分支的基本知识	10				
	用 PLC 实现对天塔之光的控制	10				
实际操作技能（60分）	工具软件的使用	10				
	模块选择与测试	10				
	硬件电路搭建与检测	20				
	程序编写及调试	20				
学习态度（10分）	出勤情况及纪律	5				
	团队协作精神	5				

（续表）

评价项目	项目评价内容	配分	自我评价	小组评价	教师评价	得分
安全文明生产（10分）	工具的正确使用及维护	5				
	实训场地的整理和卫生保持	5				
	综合评价	100				

个人学习总结

成功之处	
不足之处	
如何改进	

任务三 按钮式人行横道交通灯的控制

一、自主学习

（1）自主学习微课视频，了解十字路口交通灯的工作原理和运行模式。

（2）通过 QQ、微信、论坛等工具进行讨论学习、合作探究。

二、计划与决策

（1）认识按钮式人行横道交通灯。

（2）按钮式人行横道交通灯的工作过程。

知识1 认识按钮式人行横道交通灯

在只需要纵向行驶的交通系统中，需要考虑人行横道的控制。在这种情况下人行横道通常用按钮进行启动，交通情况如图 6-16 所示。由图可见，东西方向是车道，南北方向是人行横道。在正常情况下，车道上有车辆行驶，如果有行人要过交通路口，先要按启动按钮，等到绿灯亮时，方可通过，此时东西方向车道上红灯亮。延时一段时间后，人行横道的红灯亮，车道上的绿灯亮。

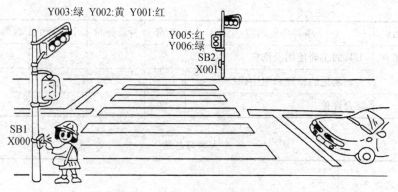

图 6-16　人行横道交通控制示意图

知识 2　按钮式人行横道交通灯的工作过程

按钮式人行横道交通灯的工作过程如下。

（1）按人行横道按钮 SB1 或 SB2，则状态转移到 S20 和 S30，车道为绿灯，人行横道为红灯。

（2）30 s 后车道为黄灯，人行横道仍为红灯。

（3）再过 10 s 后车道变为红灯，人行横道仍为红灯，同时定时器 T2 启动，5 s 后 T2 触点接通，人行横道变为绿灯。

（4）15 s 后人行横道绿灯开始闪烁（S32 人行横道绿灯灭，S33 人行横道绿灯亮）。

（5）闪烁中 S32、S33 反复循环动作，计数器 C0 设定值为 5，当循环达到 5 次时，C0 常开触点接通，动作状态向 S34 转移，人行横道变为红灯，期间车道仍为红灯，5 s 后恢复初始状态，完成一个周期的动作。

（6）在状态转移过程中，即使按动人行横道按钮 SB1 或 SB2 也无效。

三、任务实施

通过对"按钮式人行横道交通灯"工作原理和工作过程的分析，拟定编程思路，编写状态转移图、步进梯形图程序，并进行在线仿真、调试及运行。

1. 编程思路

交通灯是城市的一项重要设施，它调节着城市的交通运行，使城市运行有规律，使市民的出行更加方便，它是保证交通安全和道路畅通的关键。交通灯路口实景图如图 6-17 所示。按钮式人行横道交通灯的时间控制如图 6-18 所示。

图 6-17 交通灯路口实景图

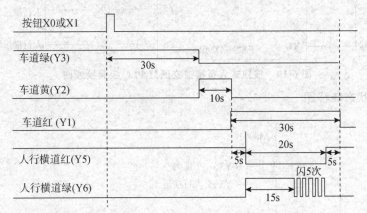

图 6-18 按钮式人行横道交通灯时间控制流程图

2. I/O 分配表

表 6-3 按钮式人行横道交通灯 PLC 控制 I/O 分配表

输入端（I）		输出端（O）	
外接元件	输入继电器地址	外接元件	输入继电器地址
按钮 SB1	X0	车道红	Y1
按钮 SB2	X1	车道黄	Y2
		车道绿	Y3
		人行横道红	Y5
		人行横道绿	Y6

3. PLC 接线图

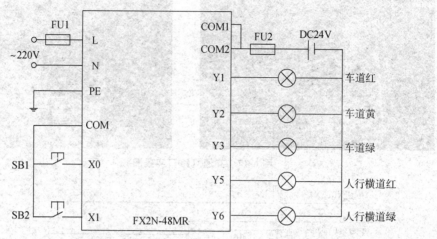

图 6-19　按钮式人行横道交通灯 PLC 控制接线图

4. PLC 状态转移图

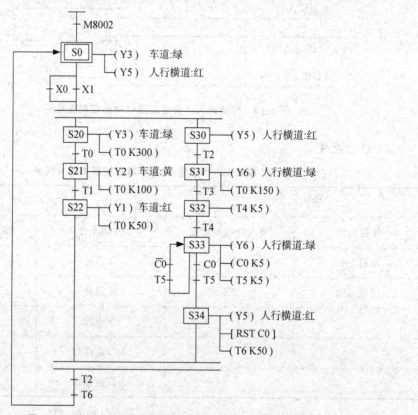

图 6-20　按钮式人行横道交通灯 PLC 控制状态转移图

5. 步进梯形图

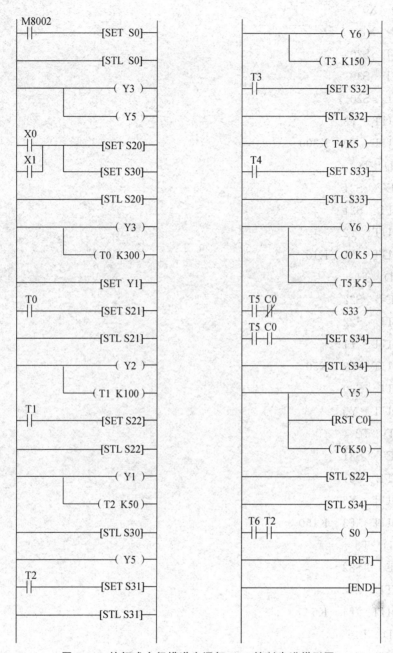

图 6-21　按钮式人行横道交通灯 PLC 控制步进梯形图

6. 指令程序

```
0 LD   M8002
1 SET  S0
2 STL  S0
3 OUT  Y3
```

4   OU5   Y5

5   LD   X0

6   OR   X1

7   SET   S20

8   SET   S30

9   STL   S20

10   OUT   Y3

11   OUT   T0   K300

12   LD   T0

13   SET   S21

14   STL   S21

15   OUT   Y2

16   OUT   T1   K10

17   LD   T1

18   SET   S22

19   STL   S22

20   OUT   Y1

21   OUT   T2   K50

22   STL   S30

23   OUT   Y5

24   LD   T2

25   SET   S31

26   STL   S31

27   OUT   Y6

28   OUT   T3   K150

29   LD   T3

30   SET   S32

31   STL   S32

32   OUT   T4   K5

33   LD   T4

34   SET   S33

35   STL   S33

36   OUT   Y6

37   OUT   C0   K5

38   OUT   T5   K5

39   LD   T5

40	ANI	C0
41	OUT	S33
42	LD	T0
43	AND	C0
44	SET	S34
45	STL	S34
46	OUT	Y5
47	RST	C0
48	OUT	T6 K50
49	STL	S22
50	STL	S34
51	LD	T6
52	AND	T2
53	OUT	S0
54	RET	
55	END	

四、巩固拓展

在前面"十字路口交通灯"任务要求的基础上，增加交通灯数码显示东西方向车道上红、绿、黄灯的倒计时，如何实现？

五、检查与评价

(1) 学生分组上台讲解演示任务实施过程。

(2) 教师和学生为各个小组打分并点评，建立学生自评、小组互评和教师评价三位一体的多元评价体系。

项目学习评价

评价项目	项目评价内容	配分	自我评价	小组评价	教师评价	得分
理论知识 （20分）	十字路口交通灯控制的基本知识	10				
	用 PLC 实现对十字路口交通灯的控制	10				
实际操作技能 （60分）	工具软件的使用	10				
	模块选择与测试	10				
	硬件电路搭建与检测	20				
	程序编写及调试	20				

评价项目	项目评价内容	配分	自我评价	小组评价	教师评价	得分
学习态度 （10分）	出勤情况及纪律	5				
	团队协作精神	5				
安全文明生产 （10分）	工具的正确使用及维护	5				
	实训场地的整理和卫生保持	5				
	综合评价	100				

个人学习总结

成功之处	
不足之处	
如何改进	

项目七 PLC 控制的应用

教学重点 | JIAOXUE ZHONGDIAN

1. 初步认识 PLC 的基本应用指令。
2. 初步学会用 PLC 实现简单的控制任务。

教学难点 | JIAOXUE ZHONGDIAN

1. 能根据简单的控制要求编写 PLC 程序。
2. 能运用实训模块编程、接线、演示几个典型控制任务的运行。

学习过程 | XUEXI GUOCHENG

学时分配	教学手段及方式
自主学习	1. 自主学习微课视频，了解 PLC 的基本应用指令
	2. 通过 QQ、微信、论坛等工具进行讨论学习、合作探究
计划与决策	1. 初步认识基本的应用指令
	2. 学会用 PLC 实现简单的控制任务
项目实施	1. 能根据简单的控制要求编写 PLC 程序
	2. 能运用实训模块编程、接线、演示几个典型控制任务的运行
检查与评价	建立学生自评、小组互评和教师评价三位一体的多元评价体系
巩固拓展	完成课后实训作业

任务一 基本的应用指令

一、自主学习

（1）通过网络查找资料了解在 PLC 中基本的应用指令有哪些。并记录下来。

（2）通过 QQ、微信、论坛等工具进行讨论学习、合作探究。

二、计划与决策

（1）应用指令的基础知识。

（2）常见的几种应用指令。

知识 1   应用指令的基础知识

（1）应用指令由三部分组成：功能编号 FNC－－－，助记符，操作数。

（2）梯形图形式：├─┤X000├─[MOV K0 D0]─┤、├─┤X000├─[ADD D0 D1 D2]─┤。

（3）梯形图输入同一个应用指令：MOV K10 D0、FNC12 K10 D0。

（4）应用指令的含义，如图 7-1 所示。

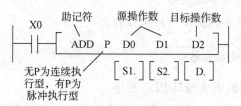

图 7-1   应用指令的含义

知识 2   常见的几种应用指令

应用指令分为传送与比较、数据处理、四则运算等，在这里我们对常用的应用指令作一简单介绍。

1. 传送与比较指令

（1）MOV 指令

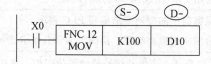

图 7-2   传送指令示例

功能：将源操作数 [S.] 传送到目的操作数 [D.] 中。

（2）比较指令 CMP（FNC10）、区间比较指令 ZCP（FNC11）

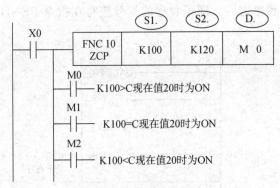

图 7-3 CMP 指令示例

功能：将源操作数〔S1.〕和源操作数〔S2.〕的数据进行比较，比较结果用目标元件〔D.〕的状态来表示。

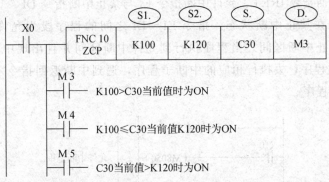

图 7-4 ZCP 指令示例

功能：指令执行时源操作数〔S.〕与〔S1.〕和〔S2.〕的内容进行比较，并比较结果用目标元件〔D.〕的状态来表示。

2. 程序流程控制指令

（1）条件跳转指令 CJ

CJ、CJP 指令用于跳过顺序程序某一部分的场合，以减少扫描时间。条件跳转指令 CJ 应用说明如图 7-5 所示。

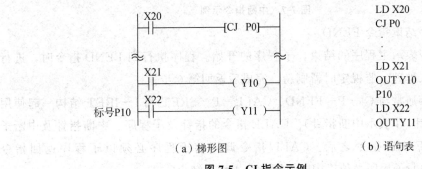

（a）梯形图　　　　　　　　　　（b）语句表

图 7-5 CJ 指令示例

（2）子程序调用指令 CALL 与返回指令 SRET

子程序应写在主程序之后，即子程序的标号应写在指令 FEND 之后，且子程序必须以 SRET 指令结束。

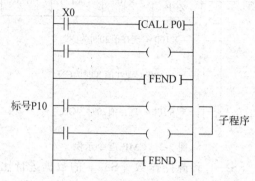

图 7-6　子程序调用和返回指令示例

（3）中断返回指令 IRET、允许中断指令 EI 与禁止中断指令 DI

PLC 一般处在禁止中断状态。指令 EI～DI 之间的程序段为允许中断区间，而 DI～EI 之间为禁止中断区间。当程序执行到允许中断区间并且出现中断请求信号时，PLC 停止执行主程序，去执行相应的中断子程序，遇到中断返回指令 IRET 时返回断点处继续执行主程序。

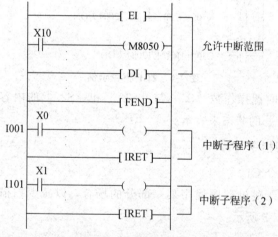

图 7-7　中断指令示例

（4）主程序结束指令 FEND

FEND 指令表示主程序的结束，子程序的开始。程序执行到 FEND 指令时，进行输出处理、输入处理、监视定时器刷新，完成后返回第 0 步。

FEND 指令通常与 CJ－P－FEND、CALL－P－SRET 和 I－IRET 结构一起使用（P 表示程序指针、I 表示中断指针）。CALL 指令的指针及子程序、中断指针及中断子程序都应放在 FEND 指令之后。CALL 指令调用的子程序必须以子程序返回指令 SRET 结束。中断子程序必须以中断返回指令 IRET 结束。

（5）监视定时器刷新指令 WDT

如果扫描时间（从第 0 步到 END 或 FEND）超过 100 ms，PLC 将停止运行。在这种情况之下，应将 WDT 指令插到合适的程序步（扫描时间不超过 100 ms）中刷新监视定时器。

（6）循环开始指令 FOR 与循环结束指令 NEXT

FOR～NEXT 之间的程序重复执行 n 次（由操作数指定）后再执行 NEXT 指令后的程序。循环次数 n 的范围为 1～32 767。若 n 的取值范围为 －32 767～0，循环次数作 1 处理。

FOR 与 NEXT 总是成对出现，且应 FOR 在前，NEXT 在后。FOR～NEXT 循环指令最多可以嵌套 5 层。利用 CJ 指令可以跳出 FOR～NEXT 循环体。

3. 四则运算指令

（1）加法指令

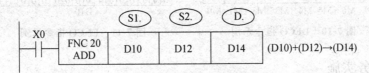

图 7-8 ADD 加法指令示例

（2）减法指令

（3）移位指令

循环右移指令 ROR 是将操作数 D 中的数据右移 n 位。循环左移指令 ROL 是将操作数 D 中的数据左移 n 位。

4. 数据处理指令

（1）批复位指令 ZRST

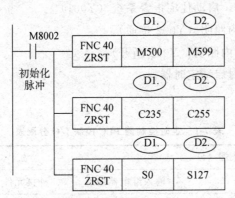

图 7-9 ZRST 指令示例

功能：区间复位指令 ZRST 是将操作数 D1～D2 之间的同类位元件成批复位。

（2）译码指令 DECO

DECO（P）指令的编号为 FNC41。指令示例如图 7-10 所示，$n=3$ 表示【S.】源操作数为三位，即为 X0、X1、X2。其状态为二进制数，其值为 011 时相当于十进制 3，则由目标操作数 M7～M0 组成的八位二进制数的第三位 M3 被置 1，其余各位为 0。用译码指令可通过【D.】中的数值来控制元件的 ON/OFF。

（3）编码指令 ENCO

ENCO（P）指令的编号为 FNC42。指令示例如图 7-11 所示，当 X1 有效时执行编码指令，将【S.】中最高位的 1（M3）所在位数（4）放入目标元件 D10 中，即把 011 放入 D10 的低 3 位。

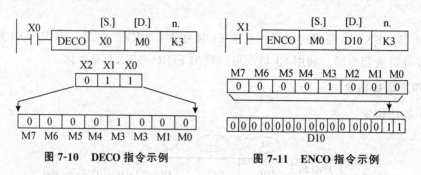

图 7-10　DECO 指令示例　　　　图 7-11　ENCO 指令示例

三、任务实施

应用计数器与比较指令，构成 24 h 可设定定时时间的定时控制器，X000 为启停开关；X001 为 15 min 快速调整与试验开关，每 15 min 为一设定单位，24 小时共 96 个时间单位；X002 为格数设定的快速调整与试验开关，时间设定值为钟点数×4。

1. 编程思路

若定时控制器作如下控制。

（1）早上 6 点半，电铃（Y000）每秒响一次，响六次后自动停止。

（2）9：00～17：00，启动住宅报警系统（Y001）。

（3）晚上 6 点开园内照明（Y002 接通）。

（4）晚上 10 点关园内照明（Y002 断开）。

使用时，在 0：00 时启动定时器。

2. I/O 分配表

表 7-1　定时控制器 PLC 控制 I/O 分配表

输入端（I）		输出端（O）	
外接元件	输入继电器地址	外接元件	输入继电器地址
启停开关 SA	X0	报警器	Y0
15 min 快速调整与实验开关	X1	照明灯	Y2
格数设定快速调整与实验开关	X2		

3. PLC 接线图

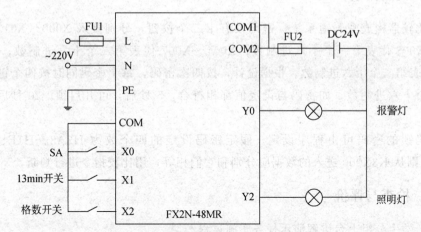

图 7-12　定时控制器 PLC 控制接线图

4. 梯形图（利用 GX-Developer 软件编写）

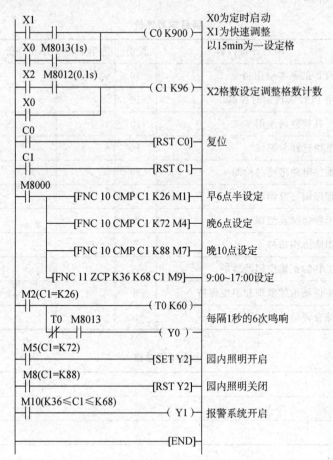

图 7-13　定时控制器 PLC 控制梯形图

四、巩固拓展

用比较器构成密码锁系统，密码锁有十二个按钮，分别接入 X000～X013，其中 X000～X003 代表第一个十六进制数；X004～X007 代表第二个十六进制数；X010～X013 代表第三个十六进制数。根据设计，按四次密码，每个密码同时按四个键，分别代表三个十六进制数，如密码与设定值都相符合，5 秒后，可开启锁。20 秒后，重新锁定。

密码锁的密码可由程序设定。假定密码设定的四个数为 H2A3、H1E、H151、H18A，则从 K3X000 送入的数据应分别和它们相等，用比较指令进行判断，

五、检查与评价

（1）学生分组上台讲解演示任务实施过程。

（2）教师和学生为各个小组打分并点评，建立学生自评、小组互评和教师评价三位一体的多元评价体系。

项目学习评价

评价项目	项目评价内容	配分	自我评价	小组评价	教师评价	得分
理论知识 （20 分）	PLC 的基本应用指令	10				
	用 PLC 实现定时控制	10				
实际操作技能 （60 分）	工具软件的使用	10				
	模块选择与测试	10				
	硬件电路搭建与检测	20				
	程序编写及调试	20				
学习态度 （10 分）	出勤情况及纪律	5				
	团队协作精神	5				
安全文明生产 （10 分）	工具的正确使用及维护	5				
	实训场地的整理和卫生保持	5				
	综合评价	100				

个人学习总结

成功之处	
不足之处	
如何改进	

任务二　自动送料装车系统

一、自主学习

(1) 自主学习微课视频，了解自动送料装车系统的工作原理和工作过程。

(2) 通过 QQ、微信、论坛等工具进行讨论学习、合作探究。

二、计划与决策

(1) 自动送料装车系统的工作原理。

(2) 自动送料装车系统的工作过程。

知识 1　自动送料装车系统的工作原理

自动送料装车系统在物流、矿山等行业中应用较为广泛，特别常见于用多条传送带组成长距离的物料运输线中。这种系统对提高生产效率和降低工人劳动强度十分有效。自动送料装车系统如图 7-14 所示。

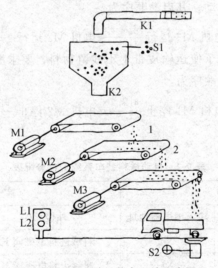

图 7-14　自动送料装车系统示意图

知识 2　自动送料装车系统的工作过程

1. 初始状态

工作指示红灯 L1 灭，绿灯 L2 灭；进料电磁阀 K1 为关闭状态，出料电磁阀 K2 为关闭状态，传送带 M1、M2、M3 皆为停止状态。

2. 启动操作

按下启动按扭，工作指示绿灯 L2 亮，表示允许汽车进入，系统自动检测料斗是否已满（液位传感器 SQ1 亮表示已满），如果储料器未满，则打开进料电磁阀 K1 进料，当储料器满时（SQ1 亮），进料电磁阀 K1 关闭，然后工作指示红灯 L1 亮，绿灯 L2 灭，表示正在装载货料。同时传送带 M3 启动，M3 启动 2 s 之后传送带 M2 启动，M2 启动 2 s 之后传送带 M1 启动，M1 启动 2 s 之后出料电磁阀 K2 打开。当汽车装满后压力传感器 SQ2 输出信号，出料电磁阀 K2 关闭，M1、M2、M3 逆启动顺序分别延时 2 s 停止运行。等到汽车离开（压力传感器 SQ2 无信号输出）时，进行下一轮的装载工作。

3. 停止操作

按下停止按钮，系统恢复初始状态。

三、任务实施

通过对"自动送料装车系统"的工作原理和工作过程的分析，拟定编程思路，编写状态转移图、步进梯形图程序，并进行在线仿真、调试及运行。

1. 编程思路

（1）启动：启动时为了避免在前段运输皮带上造成物料堆积，要求逆物料流动方向按一定时间间隔顺序启动。其启动顺序为：

阀 K2 打开 $\xrightarrow{\text{时隔 2 s}}$ 电机 M3 运行 $\xrightarrow{\text{时隔 2 s}}$ 电机 M2 运行 $\xrightarrow{\text{时隔 2 s}}$ 电机 M1 运行

（2）停止：停止时为了使运输皮带上不残留物料，要求顺物料流动方向按一定时间间隔顺序停止。其停止顺序为：

阀 K2 关闭 $\xrightarrow{\text{时隔 2 s}}$ 电机 M1 停止 $\xrightarrow{\text{时隔 2 s}}$ 电机 M2 停止 $\xrightarrow{\text{时隔 2 s}}$ 电机 M3 停止

2. I/O 分配表

表 7-2　自动送料装车系统 I/O 分配表

输入端（I）		输出端（O）	
外接元件	输入继电器地址	外接元件	输入继电器地址
启动按钮 SB1	X0	料罐进料电磁阀 K1	Y0
停止按钮 SB2	X1	料罐出料电磁阀 K2	Y1
料罐满料检测传感器 S1	X2	红灯	Y2
装车平台压力传感器 S2	X3	绿灯	Y3
		传送带 A 拖动电机 M1	Y11
		传送带 B 拖动电机 M2	Y12
		传送带 C 拖动电机 M3	Y13

3. PLC 接线图

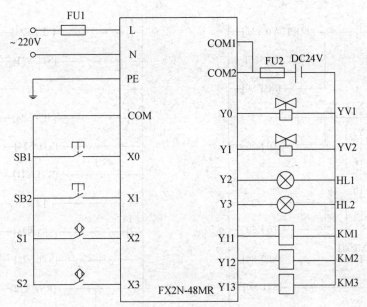

图 7-15 自动送料装车系统 PLC 控制接线图

4. 状态转移图

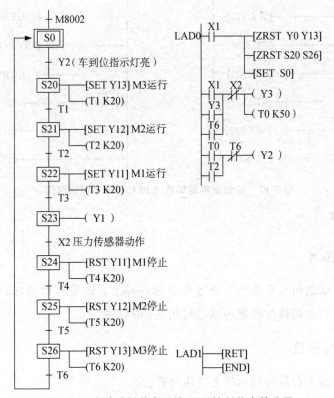

图 7-16 自动送料装车系统 PLC 控制状态转移图

5. 步进梯形图

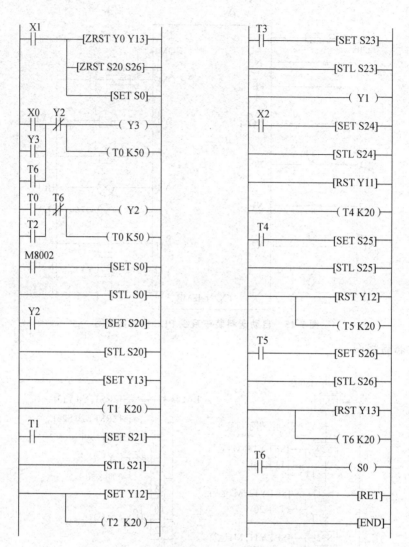

图 7-17　自动送料装车系统 PLC 控制步进梯形图

6. 指令程序

四、巩固拓展

在前面"自动送料装车系统"任务要求的基础上，改变控制要求，装车三台后料罐才重新装料，应如何修改控制料罐进料阀 K1 的程序？

五、检查与评价

（1）学生分组上台讲解演示任务实施过程。

（2）教师和学生为各个小组打分并点评，建立学生自评、小组互评和教师评价三位一体的多元评价体系。

项目学习评价

评价项目	项目评价内容	配分	自我评价	小组评价	教师评价	得分
理论知识 （20分）	PLC 的基本应用指令	10				
	用 PLC 实现定时控制	10				
实际操作技能 （60分）	工具软件的使用	10				
	模块选择与测试	10				
	硬件电路搭建与检测	20				
	程序编写及调试	20				
学习态度 （10分）	出勤情况及纪律	5				
	团队协作精神	5				
安全文明生产 （10分）	工具的正确使用及维护	5				
	实训场地的整理和卫生保持	5				
	综合评价	100				

个人学习总结

成功之处	
不足之处	
如何改进	

任务三　步进电机的运行控制

一、自主学习

（1）自主学习微课视频，了解步进电机的工作原理和工作过程。

（2）通过 QQ、微信、论坛等工具进行讨论学习、合作探究。

二、计划与决策

（1）步进电机的基本知识。

（2）PLC 控制步进电机的方式及工作原理。

知识 1　步进电机的基本知识

步进电机是一种常用的电气执行元件，在自动化控制中得到了广泛应用。在对传统机床的升级改造和新设备设计中，越来越多地采用 PLC 作为控制器实现对机床电气控制系统的控制，其中对数控机床的典型执行元件步进电机的控制是一个重要的内容。步进电机的应用如图 7-18 所示。

图 7-18　步进电机的应用领域

　　步进电机是将电脉冲信号转变为角位移或线位移的电机，如图 7-19 所示。它的运转需要配备一个专门的驱动电源。每一个脉冲信号可使步进电机旋转一个固定的角度，这个角度称为步距角。脉冲的数量决定了旋转的总角度，脉冲的频率决定了旋转的速度，旋转的方向由方向信号控制。

图 7-19　步进电机实景图

　　步进电机属于开环控制元件。对于一个传动速比确定的具体设备而言，无需距离、速度信号反馈环，只需控制脉冲信号即可控制设备移动部件的移动距离、速度和方向。另外，由于步进电机的步距角受到机械制造的限制不能很小，但可以通过电气控制的方式使步进电机的运转由原来的每个整步细分成 n 个小步来完成，提高了设备运行的精度和稳定性。因此，步进电机一般需要专门的驱动器来控制。

对于在运行过程中移动距离和速度均确定的具体设备，采用 PLC 通过驱动器来控制步进电机的运转是一种理想的控制方式。

知识 2　PLC 控制步进电机的方式及工作原理

1. PLC 控制步进电机的一般方式

PLC 控制步进电机系统的示意图如图 7-20 所示。在控制过程中，在操作面板上设定移动距离、速度和方向等参数。PLC 通过逻辑运算产生脉冲、方向信号，控制步进电机的驱动器，再由驱动器控制步进电机的距离、速度和方向。图 7-20 的操作面板上，位置旋钮控制移动的距离，速度旋钮控制移动的速度，位置与速度往往需要分成若干挡，因此位置、速度旋钮可选用波段开关，为了减少 PLC 的输入点数可对波段开关进行编码。移动的方向由方向按钮控制，启/停按钮控制电机的启动与停止。

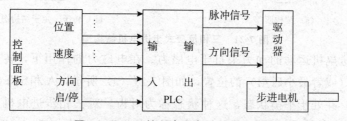

图 7-20　PLC 控制步进电机系统示意图

在一个实际的控制系统中，要根据负载的情况来选择步进电机。电机的启动频率、停止频率和输出转矩都要和负载的转动惯量相适应。

在对 PLC 选型和编程前，应计算系统的脉冲当量、脉冲频率上限和最大脉冲数量。根据脉冲信号的频率可以确定 PLC 高速脉冲输出时需要的频率，根据脉冲数量可以确定 PLC 的位宽。同时，考虑到系统的可靠性和使用寿命，PLC 应选择晶体管输出型。

步进电机细分数的选择以避开电机的共振频率为原则，一般可选择 2、5、10、25 细分。编制 PLC 控制程序时应以传动系统的脉冲当量、反向间隙、步进电机的细分数定义为参数变量，以便现场调整。

PLC 编程前先计算下列参数。

（1）步进电机步距角＝360°/（转子齿数×运行拍数）。

（2）脉冲当量＝（步进电机步距角×螺距）/（360×传动速比）。

（3）脉冲频率上限＝（移动速度×步进电机细分数）/脉冲当量。

（4）最大脉冲数量＝（移动距离×步进电机细分数）/脉冲当量。

一般反应式步进电机最常见的步距角是 3°或 1.5°。

2. 步进电机工作原理

步进电机是纯粹的数字控制电动机，它将电脉冲信号转变成角位移，即给一个脉冲信号，步进电机就转动一个角度。图 7-21 是一个三相反应式步进电机结构图。从图中可以看出，它分成转子和定子两部分。定子是由硅钢片叠成，定子上有六个磁极，每两个相对的磁极（N、S 极）组成一对，每对磁极都绕有同一绕组，即形成一相，这样三对磁极有三个绕组，形成三相。可以得出，四相步进电机有四对磁极、四相绕组，依此类推。

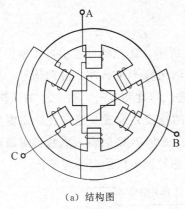
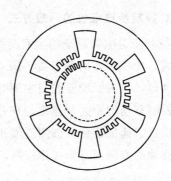

（a）结构图　　　　　　　　　　（b）转子、定子结构图

图 7-21　三相反应式步进电机结构图

反应式步进电机运动的动力来自于电磁力。在电磁力的作用下，转子被强行推动到最大磁导率（或者最小磁阻）的位置，如图 7-21（a）所示，A 相定子小齿与转子小齿对齐的位置，并处于平衡状态，这种状态称为对齿。对三相步进电机来说，当某一相的磁极处于最大磁导位置时，另外两相必须处于非最大磁导位置，如图 7-21（b）所示，B、C 相定子小齿与转子小齿不对齐，这种状态称为错齿。错齿的存在是步进电机能够旋转的前提条件，当某相处于对齿状态时，其他相必须处于错齿状态。所以，在步进电机的结构中必须保证有错齿存在。

下面介绍三相步进电机单三拍、双三拍和六拍通电方式基本原理。

（1）单三拍通电方式基本原理。三相步进电机采用单三拍通电方式时，每次只对其中一相通电；而磁场旋转一周需要换相三次，这时转子转动一个齿距角。三相绕组按 A—B—C—A 顺序循环通电工作。单三拍通电运行时转子的位置如图 7-22 所示。

（2）双三拍通电方式基本原理。三相步进电机采用双三拍通电方式时，每次对两相同时通电；磁场旋转一周需要换相三次，转子转动一个齿距角，这与单三拍是一样的。在双三拍通电方式中，步进电动机正转的通电顺序为 AB—BC—CA，反转的通电顺序为 BA—AC—CB。

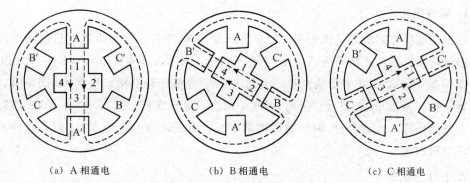

（a）A 相通电 （b）B 相通电 （c）C 相通电

图 7-22 单三拍通电运行时转子的位置

（3）六拍通电方式基本原理。三相步进电机采用六拍通电方式时，正转的通电顺序为 A—AB—B—BC—C—CA—A，即按一相和两相间隔轮流通电的方式运行，这样三相绕组的六种不同的通电状态组成一个循环，转子的位置如图 7-23 所示。

步进电机需配置一个专用的电源供电，电源的作用是让电机的控制绕组按照特定的顺序通电，即受输入的电脉冲控制而动作，这个专用电源称为驱动电源。步进电机及其驱动电源是一个互相联系的整体，步进电机的运行性能是由电机和驱动电源两者配合所形成的综合效果。

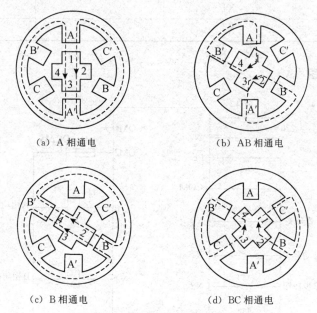

（a）A 相通电 （b）AB 相通电

（c）B 相通电 （d）BC 相通电

图 7-23 六拍通电运行时转子的位置

三、任务实施

通过对步进电机的工作原理和工作过程的分析，拟定编程思路，编写状态转移图、步进梯形图程序，并进行在线仿真、调试及运行。

1. 编程思路

以六拍通电方式步进电机为例，要求 PLC 产生脉冲列，作为步进电机驱动电源功放电路的输入。脉冲正序列为 A—AB—B—BC—C—CA，脉冲反序列为 CA—C—BC—B—AB—A。当 X001 在手动位置时，点动 X002，电机正转一拍。当 X003 闭合时，电机反转一拍。当 X001 在自动位置时，X000 闭合，电机正转。当 X000 和 X003 同时闭合时，电机反转。点动 X005 时，脉冲周期变长，电机减速。点动 X004 时，脉冲周期变短，电机加速。

2. I/O 分配表

表 7-3　步进电机 PLC 控制 I/O 分配表

输入端（I）		输出端（O）	
外接元件	输入继电器地址	外接元件	输入继电器地址
总开关 SA	X0	A 相功放电路	Y0
手动/自动开关	X1	B 相功放电路	Y1
单步按钮 SB1	X2	C 相功放电路	Y2
反转按钮 SB2	X3		
加速按钮 SB3	X4		
减速按钮 SB4	X5		

3. PLC 接线图

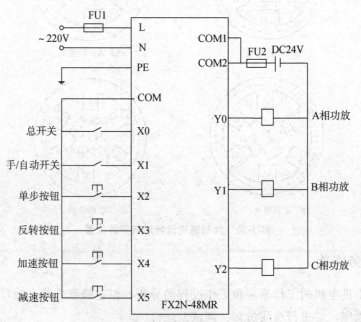

图 7-24　步进电机 PLC 控制接线图

4. 梯形图

步进电机正反转和调速控制的梯形图如图 7-25 所示。程序中采用积算定时器 T248 为脉冲发生器。

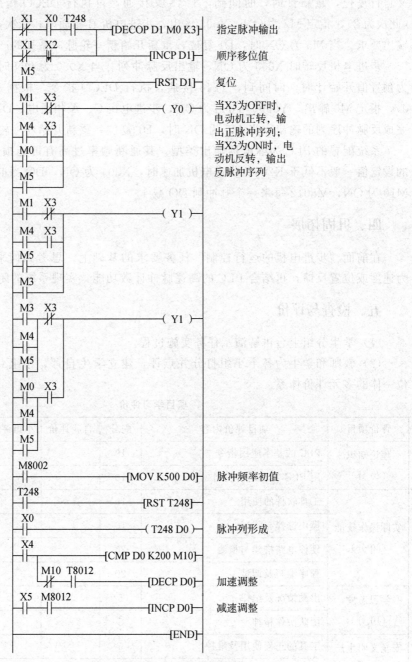

图 7-25　步进电机 PLC 控制梯形图

步进电机正转时 X003 为 OFF，输出正脉冲列。当 X000 为 ON 时，T248 以 DO 值为预置值开始计时，时间到，T248 接通，执行 DECO 指令，根据 D1 数值（首次为

0），指定 M0 为 ON，Y000 输出，步进电机 A 相通电，D1 加 1；然后，T248 马上自行复位，重新计时，时间到，T248 又接通，再执行 DECO 指令，根据 D1 数值（此次为 1），指定 M1 为 ON，Y000、Y001 输出，步进电机 A、B 相通电，D1 再加 1；T248又自行复位，重新计时，时间到，T248 又接通，再执行 DECO 指令，根据 D1 数值（此次为 2），指定 M2 为 ON，Y001 输出，步进电机 B 相通电；依次类推，完成脉冲列输出要求。当 M5 为 ON 时，D1 复位，重新开始新一轮脉冲系列的产生。

步进电机反转时 X003 为 ON，输出反脉冲列。当 X000 为 ON 时，T248 以 DO 值为预置值开始计时，时间到，T248 接通，执行 DECO 指令，根据 D1 数值（首次为0），指定 M0 输出，Y000、Y002 为 ON，步进电机 C、A 相通电，D1 加 1，依次类推，完成反脉冲序列的输出，当 M5 为 ON 时，D1 复位，重新开始新一轮脉冲系列的产生。

系统配置的 PLC 为继电器输出类型，其通断频率过高有可能损坏 PLC。故 T248的设定值一般不低于 K200。步进电机加速时，X004 为 ON，DO 当前值大于 K200 时，M10 为 ON，M8012 每来一个脉冲则 DO 减 1。

四、巩固拓展

在前面"步进电机的运行控制"任务要求的基础上，思考如何采用旋转编码器作为速度或位置反馈，再结合 PLC 的高速脉冲计数功能，实现系统的闭环控制。

五、检查与评价

（1）学生分组上台讲解演示任务实施过程。

（2）教师和学生为各个小组打分并点评，建立学生自评、小组互评和教师评价三位一体的多元评价体系。

项目学习评价

评价项目	项目评价内容	配分	自我评价	小组评价	教师评价	得分
理论知识 （20分）	PLC 的基本应用指令	10				
	用 PLC 实现定时控制	10				
实际操作技能 （60分）	工具软件的使用	10				
	模块选择与测试	10				
	硬件电路搭建与检测	20				
	程序编写及调试	20				
学习态度 （10分）	出勤情况及纪律	5				
	团队协作精神	5				
安全文明生产 （10分）	工具的正确使用及维护	5				
	实训场地的整理和卫生保持	5				
	综合评价	100				

个人学习总结

成功之处	
不足之处	
如何改进	

任务四　电镀流水线

一、自主学习

(1) 自主学习微课视频，了解电镀流水线的工作原理和工作过程。

(2) 通过 QQ、微信、论坛等工具进行讨论学习、合作探究。

二、计划与决策

(1) 电镀流水线的工作原理。

(2) 电镀流水线的工作过程。

知识 1　电镀生产线的工作原理

电镀设备在我们工业生产中是必不可少的一部分，它占据了工业生产中举足轻重的位置，促进了我国的生产力。电镀设备是一种非常先进化的技术设备。

电镀生产线按照生产方式可分为：手动电镀生产线、半自动电镀生产线、全自动电镀生产线。电镀生产线按照电镀方式来分，又可以分为挂镀生产线、滚镀生产线、连续镀生产线、刷镀生产线、环形电镀生产线、直线龙门电镀生产线、塑料电镀自动生产线等多种，电镀工艺必须按照先后顺序来完成，电镀生产线也叫电镀流水线。电镀流水线如图 7-26 所示。

图 7-26　电镀流水线

知识 2　电镀流水线的工作过程

电镀流水线系统包括平移电机 M1、升降电机 M2、电极、清水槽、回收液槽、镀槽以及位置检测系统。位置检测系统包括限位传感器 SQ1、SQ2、SQ3、SQ4、SQ5、SQ6。SQ1、SQ2、SQ3、SQ4 是检测平移电机 M1 移动的水平位置，SQ4 检测电机 M1 是否处于工件平台的正上方，SQ3 检测电机是否位于清水槽的正上方，SQ2 检测电机是否位于回收液槽的正上方，SQ1 检测电机是否位于镀槽的正上方；SQ5、SQ6 是检测升降电机 M2 带动的工件移动的垂直位置，SQ5 检测工件是否位于上限位，SQ6 检测工件是否位于下限位，当工件处于下限位时，表明工件已经完全进入相应的槽位，工件处于上限位时，表明工件已经离开槽位，处于待移动状态。

1. 初始状态

平移电机 M1 位于工件平台的正上方，升降电机 M2 位于上限位状态，传感器 SQ4、SQ5 指示灯亮；SQ1、SQ2、SQ3、SQ6 指示灯灭，电机 M1、M2 均为停止状态。

2. 启动操作

（1）按下启动按钮，2 秒后，升降电机 M2 动作，带动吊钩向下动作，运行到下限位，传感器 SQ6 输出信号，指示灯亮，表明可以取待加工元件，电机 M2 停止动作；取货时间设为 5 秒，5 秒后，电机 M2 动作，带动吊钩向上动作，直至到达上限位，传感器 SQ5 输出信号，指示灯亮，表示上行到位，电机 M2 停止动作。

（2）平移电机 M1 向后（水平向右）运行到镀槽的正上方，传感器 SQ1 输出信号，其指示灯亮，电机 M1 停止动作。升降电机 M2 动作，吊钩向下动作，将工件放入到镀槽中，直至工件下限位传感器 SQ6 输出信号，其指示灯亮表示下行到电镀槽，电机

M2 停止运行，电极得电进行电镀。10 秒后结束电镀，电机 M2 动作，吊钩向上动作直至传感器 SQ5 指示灯亮后，M2 停止。

（3）平移电机 M1 前行，到达回收液槽正上方，SQ2 指示灯亮，M1 停止前行；升降电机 M2 下行直到 SQ6 指示灯亮，电机 M2 停止运行；回收处理 5 秒后电机 M2 上行至 SQ5 指示灯亮后停止。

（4）平移电机 M1 继续前行，到达清水槽正上方，传感器 SQ3 输出信号，其指示灯亮，电机 M1 停止动作；M2 下行到其下限位，传感器 SQ6 输出信号，其指示灯亮，M2 停止动作；清洗处理 5 秒后 M2 上行至其上限位，传感器 SQ5 输出信号，其指示灯亮，电机 M2 停止动作。

（5）平移电机 M1 继续前行，到达工件平台的上方后，传感器 SQ4 输出信号，其指示灯亮，电机 M1 停止前行；M2 下行到其下限位，传感器 SQ6 输出信号，其指示灯亮，电机 M2 停止动作；进行操作卸货，换取新的工件，5 秒后电机 M2 上行，开始下一轮电镀工作。

3. 停止操作

当按下停止按钮后，系统停止工作，并保持停止前的工作状态。若再次启动，则继续按停止前的工作状态继续工作。

三、任务实施

通过对"自动送料装车系统"的工作原理和工作过程的分析，拟定编程思路，编写状态转移图、步进梯形图程序，并进行在线仿真、调试及运行。

1. 编程思路

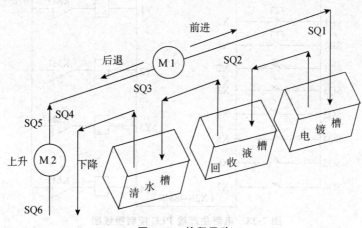

图 7-27　编程思路

2. I/O 分配表

表 7-4　电镀生产线 PLC 控制 I/O 分配表

输入端（I）		输出端（O）	
外接元件	输入继电器地址	外接元件	输入继电器地址
启动按钮 SB1	X0	接触器（吊钩升）KM1	Y1
停止按钮 SB2	X1	接触器（吊钩降）KM2	Y2
电镀槽位置 SQ1	X2	接触器（行车进）KM3	Y3
回收液槽位置 SQ2	X3	接触器（行车退）KM4	Y4
清水槽位置 SQ3	X4		
行车原位 SQ4	X5		
上限位 SQ5	X6		
下限位 SQ6	X7		

3. PLC 接线图

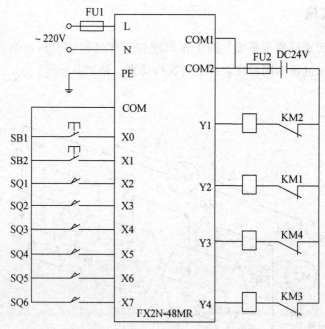

图 7-28　电镀生产线 PLC 控制接线图

4. 状态转移图

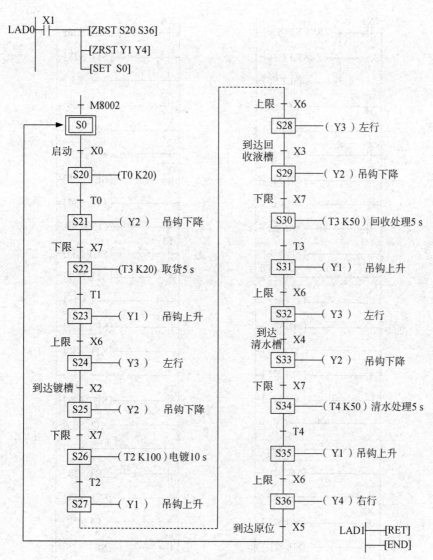

图 7-29　电镀生产线 PLC 控制状态转移图

5. 步进梯形图

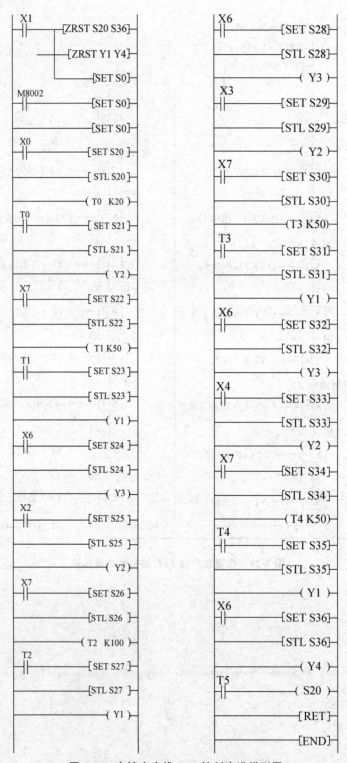

图 7-30   电镀生产线 PLC 控制步进梯形图

四、巩固拓展

在前面"电镀流水线"任务要求的基础上，增加一项步进操作，要求每按一下步进按钮，设备只向前运行一步。

五、检查与评价

（1）学生分组上台讲解演示任务实施过程。

（2）教师和学生为各个小组打分并点评，建立学生自评、小组互评和教师评价三位一体的多元评价体系。

项目学习评价

评价项目	项目评价内容	配分	自我评价	小组评价	教师评价	得分
理论知识 （20分）	PLC 的基本应用指令	10				
	用 PLC 实现定时控制	10				
实际操作技能 （60分）	工具软件的使用	10				
	模块选择与测试	10				
	硬件电路搭建与检测	20				
	程序编写及调试	20				
学习态度 （10分）	出勤情况及纪律	5				
	团队协作精神	5				
安全文明生产 （10分）	工具的正确使用及维护	5				
	实训场地的整理和卫生保持	5				
	综合评价	100				

个人学习总结

成功之处	
不足之处	
如何改进	

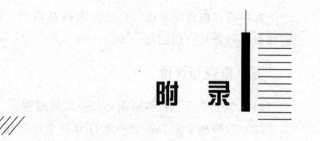

附 录

附录 A   FX 系列 PLC 型号的说明

FX 系列 PLC 型号的含义如下。

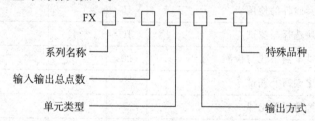

其中，系列名称：如 0、2、0S、0N、1N、2N、2NC 等。

单元类型：M——基本单元；

　　　　　E——输入输出混合扩展单元；

　　　　　E_x——扩展输入模块；

　　　　　E_Y——扩展输出模块。

输出方式：R——继电器输出；

　　　　　S——晶闸管输出；

　　　　　T——晶体管输出；

特殊品种：D——DC 电源，DC 输出；

　　　　　A1——AC 电源，AC（AC100～120V）输入或 AC 输出模块；

　　　　　H——大电流输出扩展模块；

　　　　　V——立式端子排的扩展模块；

　　　　　C——接插口输入输出方式；

　　　　　F——输入滤波时间常数位 1 ms 的扩展模块。

如果特殊品种，一项无符号，为 AC 电源、DC 输入、横式端子排、标准输出。例如，FX2N-32MT－D 表示 FX2N 系列，32 个 I/O 点基本单位，晶体管输出，使用直流电源，24V 直流输出型。

— 168 —

附录 B　三菱 FX 系列 PLC 的软继电器和存储器及地址空间

编程软件种类 ＼ PLC 型号		FX0S	FX1S	FX0N	FX1N	FX2N
输入继电器 X （按八进制编号）		X0～X17 （不可扩展）	X0～X17 （不可扩展）	X0～X43 （可扩展）	X0～X43 （可扩展）	X0～X77 （可扩展）
输出继电器 Y （按八进制编号）		Y0～Y15 （不可扩展）	Y0～Y15 （不可扩展）	Y0～Y27 （可扩展）	Y0～Y27 （可扩展）	Y0～Y77 （可扩展）
辅助继电器 M	普通用	M0～M495	M0～M383	M0～M383	M0～M383	M0～M499
	保持用	M496～M511	M384～M511	M384～M511	M384～M1535	M500～M3071
	特殊用	M8000～M8255（具体见使用手册）				
状态寄存器 S	初始状态用	S0～S9	S0～S9	S0～S9	S0～S9	S0～S9
	返回原点用	—	—	—	—	S10～S19
	普通用	S10～S63	S10～S127	S10～S127	S10～S999	S20～S499
	保持用	S0～S127	S0～S127	S0～S127	S0～S999	S500～S899
	信号报警用	—	—	—	—	S900～S999
定时器 T	100 ms	T0～T49	T0～T62	T0～T62	T0～T199	T0～T199
	10 ms	T24～T49	T32～T62	T32～T62	T200～T245	T200～T245
	1 ms			T63		
	1 ms 积累	—	T63		T246～T249	T246～T249
	100 ms 积累	—			T250～T255	T250～T255
计数器 C	16 位增计数 （普通）	C0～C13	C0～C15	C0～C15	C0～C15	C0～C99
	16 位增计数 （保持）	C14、C15	C16～C31	C16～C31	C16～C199	C100～C199
	32 位增计数 （普通）	—	—	—	C200～C219	C200～C219
	32 位增计数 （保持）	—	—	—	C220～C234	C220～C234
	高速计数器	C235～C255（具体见使用手册）				

（续表）

编程软件种类 \ PLC 型号		FX0S	FX1S	FX0N	FX1N	FX2N
数据寄存器 D	16 位普通用	D0～D29	D0～D127	D0～D127	D0～D127	D0～D199
	16 位保持用	D30、D31	D128～D255	D128～D255	D128～D7999	D200～D7999
	16 位特殊用	D8000～D8069	D8000～D8255	D8000～D8255	D8000～D8255	D8000～D8195
	16 位变址用	V Z	V0～V7 Z0～Z7	V Z	V0～V7 Z0～Z7	V0～V7 Z0～Z7
指针 N、P、I	嵌套用	N0～N7	N0～N7	N0～N7	N0～N7	N0～N7
	跳转用	P0～P63	P0～P63	P0～P63	P0～P127	P0～P127
	输入中断用	100 *～130 *	100 *～150 *	100 *～130 *	100 *～150 *	100 *～150 *
	定时器中断	—	—	—	—	16 **～18 **
	计数器中断					1010～1060
常数 K、H	16 位	K：－32，768～32，767　H：0000～FFFFH				
	32 位	K：－2，147，483，648～2，147，483，647　H：00000000～FFFFFFFFH				

附录 C　三菱 FX 系列 PLC 指令系统

1. FX 系列 PLC 基本指令

（1）线圈驱动指令：OUT

（2）触点加载指令：LD/LDI/LDP/LDF

（3）触点串联指令：AND/ANI/ANDP/ANDF

（4）触点并联指令：OR/ORI/ORP/ORF

（5）触点块操作指令：ORB/ANB

（6）置位与复位指令：SET/RST

（7）微分指令：PLS/PLF

（8）主控指令：MC/MCR

（9）堆栈指令：MPS/MRD/MPP

（10）逻辑反、空操作与结束指令：INV/NOP/END

2. FX 系列 PLC 功能指令

（1）程序流向控制类指令：FNC00～FN09

（2）传送与比较类指令：FNC10～FNC19

（3）四则运算和逻辑运算类指令：FNC20～FNC29

（4）循环与移位类指令：FNC30～FNC39

（5）数据处理指令：FNC40～FNC49

（6）高速处理指令：FNC50～FNC59

FX2N 系列功能指令说明见表 F-1。

表 F-1 三菱 FX2N 系列功能指令一览表

分类	指令编号 FNC	指令助记符	指令格式、操作数（可用元件）	指令名称和功能说明	D 命令	P 命令
程序流程指令	00	CJ	S（＊）（指针 P0～P127）	条件跳转：程序跳转到［S（＊）］P 指针指定标号处，当 P 指针指定 P63 位 END 步处，不需指定		○
	01	CALL	S（＊）（指针 P0～P127）	调用子程序：程序调用［S（＊）］P 指针的子程序，嵌套 5 层以内		○
	02	SRET		子程序返回：从子程序返回主程序		
	03	IRET		中断返回主程序		
	04	EI		开中断		
	05	DI		关中断		
	06	FEND		主程序结束		
	07	WDT		监视定时器：顺控程序中执行监视定时器刷新指令	○	○
	08	FOR	S（＊）（W4）	循环区开始：重复执行开始，嵌套 5 层以内		
	09	NEXT		循环区结束：重复执行结束		○
传送与比较指令	010	CMP	S1（＊）S2（＊）D（＊）（W4）（W4）（B）	比较：［S19（＊）］同［S2（＊）］比较，根据结果，［D（＊）］动作	○	○
	011	ZCP	S1（＊）S2（＊）S（＊）D（＊）（W4）（W4）（W4）（B）	区间比较：［S（＊）］同［S1（＊）］～［S2（＊）］比较，根据结果，［D（＊）］动作	○	○
	012	MOV	S（＊）D（＊）（W4）（W2）	传送：［S（＊）］→［D（＊）］	○	○
	013	SMOV	S（＊）m1（＊）m2（＊）D（＊）n（＊）（W4）（W5）（W5）（W2）（W5）	移位传送：将［S（＊）］第 m1 位开始 m2 个数位移到［D（＊）］的第 n 个位置		○
	014	CML	S（＊）D（＊）（W4）（W2）	取反：［S（＊）］取反→［D（＊）］	○	○
	015	BMOV	S（＊）D（＊）n（＊）（W3'）（W2'）（W5）	块传送：［S（＊）］开头 n 点→［D（＊）］开头 n≤512		○
	016	FMOV	S（＊）D（＊）n（＊）（W4）（W2'）（W5）	多点传送：［S（＊）］开头 n 点→［D（＊）］开头 n≤512	○	○

分类	指令编号 FNC	指令助记符	指令格式、操作数(可用元件)		指令名称和功能说明	D 命令	P 命令
传送与比较指令	017	XCH	D1(＊) D2(＊) (W2) (W2)		数据交换：[D1(＊)]→[D2(＊)]	○	○
	018	BCD	S(＊) D(＊) (W3) (W2)		求 BC 码：[S(＊)]二进制数转换成 BCD 码→[D(＊)]	○	○
	019	BIN			求二进制码：[S(＊)]BCD 码转换成二进制数→[D(＊)]	○	○
四则运算与逻辑运算指令	020	ADD	S1(＊) S2(＊) D(＊) (W4) (W4) (W2)		二进制加法： [S1(＊)]＋[S2(＊)]→[D(＊)]	○	○
	021	SUB	S1(＊) S2(＊) D(＊) (W4) (W4) (W2')		二进制减法： [S1(＊)]－[S2(＊)]→[D(＊)]	○	○
	022	MUL			二进制乘法：[S1(＊)]＊[S2(＊)]→[D(＊)]	○	○
	023	DIV	D(＊) (W2)		二进制除法： [S1(＊)]／[S2(＊)]→[D(＊)]	○	○
	024	INC			二进制加 1： [S1(＊)]＋1→[D(＊)]	○	○
	025	DEC	D(＊) (W2)		二进制减 1： [S1(＊)]－1→[D(＊)]	○	○
	026	WAND			逻辑字与： [S1(＊)]∧[S2(＊)]→[D(＊)]	○	○
	027	WOR	S1(＊) S2(＊) D(＊) (W4) (W4) (W2)		逻辑字或： [S1(＊)]∨[S2(＊)]→[D(＊)]	○	○
	028	WXOR			逻辑异或： [S1(＊)]⊕[S2(＊)]→[D(＊)]	○	○
	029	NEG	D(＊)(W2)		求补码： [D(＊)]按位取反+1→[D(＊)]	○	○
循环与位移指令	030	ROR			循环右移：执行条件成立，[D(＊)]循环右移 n 位	○	○
	031	ROL	D(＊)n(＊) (W2) (W5)		循环左移：执行条件成立，[D(＊)]循环左移 n 位	○	○
	032	RCR			循环位右移：[D(＊)]带进位循环右移 n 位	○	○
	033	RCL			循环位左移：[D(＊)]带进位循环左移 n 位	○	○

分类	指令编号 FNC	指令助记符	指令格式、操作数（可用元件）	指令名称和功能说明	D命令	P命令
循环与位移指令	034 035	SFTR SFTL	S（＊）D（＊）n1（＊）n2（＊） （B）（B）（W5）（W5）	位右移：n2 位［S2（＊）］右移→n1 位的［D（＊）］ 位左移：n2 位［S2（＊）］左移→n1 位的［D（＊）］		○
	036	WSFR	S（＊）D（＊）n1（＊）n2（＊） （W3'）（W2'）（W5）（W5）	字右移：n2 字［S2（＊）］右移→［D（＊）］开始的n1 字		○
	037	WSFL	S（＊）D（＊）n1（＊）n2（＊） （W3'）（W2'）（W5）（W5）	字左移：n2 字［S2（＊）］左移→［D（＊）］开始的n1 字		○
	038	SFWR	S（＊）D（＊）n2（＊） （W4）（W2'）（W5）	FIFO写：先进先出控制的数据写入，2≤n≤512		○
	039	SFRD	S（＊）D（＊）n2（＊） （W2'）（W2）（W4'）	FIFO读：先进先出控制的数据读出，2≤n≤512		○
数据处理指令	040	ZRST	D1（＊）D2（＊） （W1'、B）（W1'、B）	区间复位：［D1（＊）］～［D2（＊）］复位，［D1（＊）］＜［D2（＊）］		○
	041	DECO	S（＊）D（＊）n（＊） （B、W1、W5）（W1、B'） （W5）	解码：［S（＊）］的2^n位中的为1的最高位代表的位数编码为二进制数后→［D（＊）］		○
	042	ENCO	S（＊）D（＊）n（＊） （B、W1）（W1）（W5）	解码：［S（＊）］的2^n位中的为1的最高位代表的位数编码为二进制数后→［D（＊）］		○
	043	SUM	S（＊）D（＊） （W4）（W2）	求置 ON 位的总和：［S（＊）］中为1的数目存入［D（＊）］	○	○
	044	BON	S（＊）D（＊）n（＊） （W4）（B）（W5）	ON 位判断：［S（＊）］中第n位为1时，［D（＊）］为 ON	○	○
	045	MEAN	S（＊）D（＊）n（＊） （W3'）（W2'）（W5）	平均值：［S（＊）］中n点的平均值→［D（＊）］	○	○
	046	ANS	S（＊）（K）D（＊） （T）（S）	标志置位：若执行条件为 ON，［S（＊）］中定时器定时 m ms后，标志位［D（＊）］置位		
	047	ANR		标志复位：被置位的定时器复位		○
	048	SOR	S（＊）D（＊） （D、W5）（D）	二进制平方根：［S（＊）］平方根→［D（＊）］	○	○
	049	FLT	S（＊）D（＊） （D）（D）	二进制整数与浮点数转换：［S（＊）］内二进制整数→［D（＊）］二进制浮点数	○	○

（续表）

分类	指令编号 FNC	指令助记符	指令格式、操作数（可用元件）		指令名称和功能说明	D命令	P命令
触点比较指令	050	LD=	S1（*） （W4）	S2（*） （W4）	触点行比较指令：链接母线触点，当[S1（*）]=[S2（*）]时接通	○	
	051	LD>			触点行比较指令：链接母线触点，当[S1（*）]>[S2（*）]时接通	○	
	052	LD<			触点行比较指令：链接母线触点，当[S1（*）]<[S2（*）]时接通	○	
	053	LD<>			触点行比较指令：链接母线触点，当[S1（*）]<>[S2（*）]时接通	○	
	054	LD≤			触点行比较指令：链接母线触点，当[S1（*）]≤[S2（*）]时接通	○	
	055	LD≥			触点行比较指令：链接母线触点，当[S1（*）]≥[S2（*）]时接通	○	
	056	AND=	S1（*） （W4）	S2（*） （W4）	触点行比较指令：串联行触点，当[S1（*）]=[S2（*）]时接通	○	
	057	AND>			触点行比较指令：串联行触点，当[S1（*）]>[S2（*）]时接通	○	
	058	AND<			触点行比较指令：串联行触点，当[S1（*）]<[S2（*）]时接通	○	
	059	AND<>			触点行比较指令：串联行触点，当[S1（*）]<>[S2（*）]时接通	○	
	060	AND≤			触点行比较指令：串联行触点，当[S1（*）]≤[S2（*）]时接通	○	
	061	AND≥			触点行比较指令：串联行触点，当[S1（*）]≥[S2（*）]时接通	○	
	062	OR=			触点行比较指令：并联行触点，当[S1（*）]=[S2（*）]时接通	○	
	063	OR>			触点行比较指令：并联行触点，当[S1（*）]>[S2（*）]时接通	○	
	064	OR<			触点行比较指令：并联行触点，当[S1（*）]<[S2（*）]时接通	○	
	065	OR<>			触点行比较指令：并联行触点，当[S1（*）]<>[S2（*）]时接通	○	

（续表）

分类	指令编号 FNC	指令助记符	指令格式、操作数（可用元件）		指令名称和功能说明	D命令	P命令
触点比较指令	066	OR≤	S1（*） （W4）	S2（*） （W4）	触点行比较指令：并联行触点，当[S1（*）]≤[S2（*）]时接通	○	
	067	OR≥			触点行比较指令：并联行触点，当[S1（*）]≥[S2（*）]时接通	○	

注：表中 D 命令栏中有"○"，表示该指令可以是 32 位指令；P 命令栏中有"○"，表示可以是脉冲执行型指令。

- 175 -

参考文献

[1]杜从商.PLC 编程应用基础(三菱)[M].第 1 版.北京:机械工业出版社,2009.

[2]贺哲荣.流行 PLC 实用程序及设计(三菱 FX2 系列)[M].第 1 版.西安:西安电子科技大学出版社,2006.

[3]向晓汉.三菱 FX 系列 PLC 完全精通教程[M].第 1 版.北京:化学工业出版社,2012.

[4]黄永红.电气控制与 PLC 应用技术[M].第 1 版.北京:机械工业出版社,2011.

[5]廖常初.FX 系列 PLC 编程及应用[M].第 2 版.北京:机械工业出版社,2013.

[6]韩相争.三菱 FX 系列 PLC 编程速成全图解[M].第 1 版.北京:化学工业出版社,2015.

[7]初航.三菱 FX 系列 PLC 编程及应用[M].第 2 版.北京:电子工业出版社,2014.